一碗暖汤

杨桃美食编辑部 主编

江苏凤凰科学技术出版社　凤凰含章

餐餐喝碗汤 温暖又满足

备注：

全书1大匙（固体）≈15克

1小匙（固体）≈5克

1茶匙（固体）≈5克

1杯（固体）≈227克

1茶匙（液体）≈5毫升

1大匙（液体）≈15毫升

1小匙（液体）≈5毫升

1杯（液体）≈240毫升

　　汤不论是在东方人还是西方人的餐桌上，都是十分重要的料理。东方人当汤是配菜或饮品，西方人则当汤是前菜的一种，但无论如何，美味都一样重要。其实想煮一锅好喝的汤并没有想象中那么难，很多汤都只要将食材和调味料准备好，然后注意火候和时间就行，甚至都不用20分钟。

　　本书除了告诉大家大厨珍藏的好喝秘诀外，还有各类汤品正确的熬煮方法，了解美味的原因，只要懂得美味技巧，就算只是利用冰箱里现有的食材，或是其他您所喜欢的任意食材，都可以变化出美味的汤品。

　　本书搜集了400多道各式汤品的美味配方，包括强调清爽鲜美的清汤、拥有浓郁风味的浓汤、特殊勾芡口感的羹汤、各有特色的火锅与面汤底、甜而不腻的甜汤，让您不会再为每餐要煮什么汤、怎么煮出好汤而烦恼。

目录 CONTENTS

香浓味醇 浓汤&羹汤篇

5

滋补元气 炖补&煲汤篇

甜而不腻 甜汤篇

熬汤好材料

熬一锅好汤，需选用充满鲜味的好食材，这样熬煮出来的汤头才会鲜甜，让人唇齿留香。现在就来教您挑选最速配的食材，让您轻松熬煮出一碗碗出色的好汤头。

鸡骨

　　鸡骨常用来熬煮高汤、浓汤、清汤，汤头能与大多数材料的味道相配，所以很多风味口感不同的汤头都可以用鸡骨来熬。购买鸡骨时应该挑选生长期长的鸡，老鸡、土鸡最好，如果使用市面上常见的肉鸡，会让汤头混浊。而鸡脖子熬出的鸡高汤因为骨髓丰富味道更佳。

猪大骨

　　猪大骨含有钙、磷、铁等元素，蛋白质含量也高于猪肉，脊髓骨更含有高养分，其营养丰富、口感浑厚的特色让它成为熬汤时的好选择。猪大骨一样以生长期长的猪为佳，现宰取出的比冷冻保存的好，新鲜是购买的重要挑选标准。以猪大骨熬煮汤头时，可以加入适量鸡肉以增加肉味。

火腿

　　火腿含有蛋白质、铁、钾、磷、盐与十多种氨基酸，经过腌制发酵分解，各种营养更容易被人体吸收。特别是火腿的特殊香味，可以增加汤头的香醇度，所以常用于各种高汤的制作。但是因为其口味浓厚独特，所以不适合用在以牛肉为主要材料的料理。

虾米

　　虾米的营养成分很高，含蛋白质、脂肪、糖分等成分，虾皮则含有钙、磷，是熬煮汤头时常用的配料，也可以单独用来熬汤。用虾米熬煮的高汤会有一股鲜甜的海鲜味，适合作为海鲜料理的高汤，购买时以体型大的较佳。

海带

　　海带是另一种海产类的材料，购买时以干燥的为佳，分量不需太多，只要一小段就足够，但由于它有一种特殊的海潮味，且味道不够强烈，通常多使用在日式大骨汤头里，或搭配柴鱼熬煮高汤。

洋葱

　　洋葱的香气强烈，营养丰富，含有维生素A、维生素B、维生素C及磷、铁、钙等矿物质，熬煮汤头时不但可以去除腥味，还能增加甜度。洋葱适合用来熬煮使用大量肉骨的汤头，也有人用小葱来代替，这样在煮之前，就要先把小葱炸过，以避免小葱呛辣刺激的味道破坏汤味的平衡。

胡萝卜、白萝卜

　　白萝卜鲜甜的滋味可以增加汤头的鲜美，且由于味道清爽，常大量使用，熬出的高汤适合用于搭配各种中式风味的料理，而胡萝卜则因为口味独特，通常用于提味，熬煮时分量不需太多。

玉米

　　想让汤头更鲜甜吗？那加入整根玉米一起熬煮就没错了，因为玉米本身就有甜味，可以增加汤头的层次感，破除大骨熬出汤头的单调肉味，若用在素高汤上更可以丰富素高汤缺少的鲜味。

干鱿鱼

干鱿鱼富含海鲜的鲜味，滋味更为丰富，适合用来熬煮海鲜高汤，用于提味。干鱿鱼的味道很重，因此不需加太多，传统市场就有卖处理好切段的干鱿鱼，通常卖给面摊熬汤头用，买这种处理过的干鱿鱼可以方便不少。

干贝

充满鲜味的干贝是用来熬高汤的高级食材，可以直接加上米酒一起熬煮或熬高汤，更可以先炸香后再加入高汤中熬煮，更有一番不同的风味。

香菇

香菇特殊的风味可以提升高汤的味道，尤其是晒干后的香菇味道更为丰富。但是干香菇再处理时，要先用冷水将其泡发，注意千万别用热水泡发以免香菇的香味就此流失。

芹菜

芹菜滋味清爽是熬煮高汤时常用的食材之一，尤其是用来熬煮素高汤。但由于芹菜也是属于味道独特的蔬菜，所以分量不适合放太多以免太过抢味，而熬过的芹菜大都已经软烂不适合食用，所以必须捞除。

柴鱼

柴鱼是干制的鳕鱼，适合制作日式高汤，因为熬煮后汤头会变得涩口，所以须先将炉火关掉，最后再放入柴鱼，浸泡出味道，捞除即可。市面上比较容易买到已切好柴鱼片，整条的柴鱼不容易购得，但风味较佳，可试着向日式大型超市或专卖日本食材的商家询问。

蚬

蚬有独特的鲜甜滋味，可单独熬煮蚬汤，但是因为味道太独特，不适合用来搭配其他料理，因此通常只少量加入其他高汤内提味，可以丰富高汤的口感。

鲜虾

直接以鲜虾来熬煮高汤与用虾米来熬煮高汤风味略为不同，鲜虾多了一种新鲜滋味，而虾米则是比较浓郁的鲜味，各有不同的口感，可根据喜好来选择。如果要选用鲜虾熬煮高汤，建议用剑虾，滋味较佳。

鱼骨

熬煮高汤的鱼骨可略带鱼肉，这样熬出的高汤更鲜美，也可添加小鱼干一起熬煮，使滋味更丰富。

煮汤常用器具

了解这些器具的特性和用途，可让煮汤过程更快速容易，轻松煮出好汤。

1.钢锅、汤锅

汤锅或钢锅是家中必备的烹饪器具。钢锅的特点是传热速度快，散热也快，但由于受热不均，使用时必须随时注意食材状况、烹调程度。若要长时间熬煮较为费时的食材，建议可盖上锅盖慢慢烹煮，如此可避免过度散热而花费更多的时间。

2.汤勺

最常被使用于汤品上的是不锈钢材质的大汤勺，有时为了讲究或美观，也会使用白瓷材质或木质的汤勺。另外塑料汤勺也相当常见，不过由于材质上的特殊性，建议不要用塑料汤勺来舀取过热的汤品，以免产生有毒化学物质。

3.细滤网、滤网

平日在家中煮汤时，使用滤网的机会比较少。但如果想熬制高汤底作为各式料理汤品的汤底时，滤网可就是最佳的帮手。细滤网可仔细地过滤掉汤中的杂质。而粗滤网在汆烫食材时，可发挥最大的效用，耐热的材质，使其适用于捞起滚沸锅中的食材，并将多余的水分沥干。

4.削皮刀

现在因应消费者的需求设计了各式各样的削皮刀，使用起来不仅便利又兼具了安全性，有些刀具的外观看起来更是极具创意，顿时让下厨做菜成了一场极具趣味性的游戏。

5.炒锅、平底锅

不加任何肉类的蔬菜汤，常会口感发涩不好入口。所以要先加些食用油、调味料放入锅中拌炒，再进行烹煮，这样可让汤品食用起来少些涩味也好入口。可随意使用家中常用的各式锅具，只要方便好取用，炒锅或平底锅皆可。

6.搅拌机

一般在制作较西式的浓汤汤品，或要让食材表现出浓稠特色时，就要先用搅拌机将食材彻底绞碎，再进行烹调，如此不仅让汤品有更多变化，也更为省时省力。

熬汤常犯的错误

错误 1
把汤煮得太滚

　　为了把材料的精华彻底熬出，有些人以为水越滚越好，实际上把汤煮得太滚，只会让原本应该清澈的汤头变得混浊不堪、美味丧失。因此熬煮汤头时要特别注意火候的掌控，以中小火为佳。

错误 2
没有一次加满足够的水

　　在熬煮汤头的过程中，即使发现倒入的水不够，也不宜再加水进去，因为材料放进热水中滚沸时会逐渐释放出所含的营养素，如果倒入冷水温度骤降，就会突然遏止住营养素的释放，改变汤的原味，同时也会让汤变得混浊。所以如果非加水不可，也只能加热开水而不能加冷开水。

错误 3
没有做好隔夜的防护工作

　　通常熬煮的汤头不会一次用完，要留到隔天使用，这时过夜前的防护就十分重要。在不放入冰箱冷藏的情况下，要先用小火把汤煮开来做好消毒工作，再将汤面上的浮油捞起（因为油凝结后会将汤封住，让汤内的温度维持在70℃左右，这也是最适合细菌活动的温度），最后把盖子盖上，记得不可以全盖，要留一些缝隙通风。

　　严格执行这些操作就能让辛苦熬好的汤头不变质，不过也不宜摆放过久，最好不要超过2天，即使放在冰箱冷藏，最多也不能超过3天。

煮汤方法面面观

　　以颜色区分，汤头可以大致分为浓汤、清汤，熬煮方法也依此有大火法、小火法两种。

　　大火法（常用大火与中火）最为简单，通常用来熬煮脊髓骨、牛骨，煮出来的汤多呈乳白色。以大火熬煮材料时，如果试尝的味道不够，可以直接放些肉一起熬煮来增味。小火法则适合煮出清澈的汤头，重点是需要配合食材熬煮。另外还有一种煎煮法，主要差别是熬汤前要先将食材下锅炸过，再加上一些葱蒜配料，虽然比较麻烦，但是可以有效去除腥味，还能让汤头有一种特殊的香味。

煮好汤头的小秘诀

　　熬煮汤头时常用到猪骨、牛骨等材料，在正式煮之前要先用烧开的水汆烫过，也就是要把材料放进汤锅中以大火沸水煮约30秒，这是为了将材料上不易用手清除的血水脏污去除。把已经烫除血水的肉骨与其他配料放进锅内熬煮，等水再度烧开后，改小火继续煮，这时可以看到汤面上有数个上下翻的水流，状如菊花，维持这种菊花滚的状态数小时（依食材决定），就能煮出味道极佳的汤头。

　　熬汤时最好使用陶锅、砂锅这类散热均匀的容器，因为这样最能保留住材料的原味，如果没有陶锅、砂锅，退而求其次也可使用不锈钢锅。

汤头好坏的判断

　　检验汤头好坏的主要方法是"尝味道"。不论熬的是清汤或浓汤，味道一定要足、要浓厚，所以在熬煮肉骨汤时加肉进去，目的就是要让汤的味道够足；至于要放多少量的材料，则要看个人对汤味的要求与经验了。

　　如果是熬煮清汤，汤色的清澈程度也是检验的指标之一，越清越纯越好。熬汤的材料，则是越丰富煮出的成品就越令人满意。不过要注意的是，一旦汤料已经煮至无味就要捞起，以免破坏整锅汤的味道，尤其像鱼之类海鲜材料，煮久后因为会融化溃散而成残渣，所以一定要记得及时捞起来，汤才清澈。

SOUP STOCK
浓缩原味 高汤篇

美味的高汤，是厨房必备的秘密法宝。无论是煮汤、炒菜、煮稀饭或是下面，这浓缩食材精华的高汤绝对能让餐桌上的菜肴增色提味不少。本篇公开大厨的高汤配方，让你天天都能利用高汤做出顶级美味。

高汤——
美味关键

1 肉骨食材先氽烫，去腥更美味

肉类或骨头材料经过氽烫的步骤可以去除杂质、秽物，还能去除肉腥味，熬出来的高汤会更香醇鲜美。记得氽烫后要冲洗干净，这样重新熬出来的高汤才会更清澈。

2 过滤汤头，清澈无杂质

熬好的高汤必须先过滤后再使用，如此高汤才会口感细致且汤汁清澈。没有马上使用的高汤，也会因为过滤掉了熬煮剩余的残渣，而可以保存较长的时间不容易变质。

3 辛香料包装入锅，方便好处理

熬煮高汤有时会用到一些香料、辛香料或是中药材，如果直接下锅，就会整锅都飘浮着这些香料、药材，汤头也不好过滤处理。因此可以使用过滤袋或棉袋将这些香料、药材包装起来，西式的香料也可以用棉绳整束捆起再入锅，这样过滤时只要捞除香料包就行了，轻松又省事。

高汤保存妙招

一次煮好大量高汤，分装进容器冷冻，需要时再取出所需分量解冻使用，不需大费周章，也可随时享用美味的汤头。

整锅保存

煮好高汤，要记得将汤里所有的食材都取出，浮油也要捞得一干二净，放入冷藏可保存2~3天，冷冻后则可放2~3个月的时间。要注意每次使用只取需要的量即可，因为已经解冻的冷冻高汤块，在解冻过程中会滋生细菌，所以千万不要再放回冰箱重复冰冻。

制冰盒保存

煮好的高汤，过滤后倒入制冰盒中，放进冷冻库冰冻起来，分成小小的一块块，用量好控制。

保鲜膜保存

也可以直接将高汤放入大碗用保鲜膜封紧碗口，再放进冰箱冷藏

塑料袋保存

这种方法最方便，但使用期限最短，而且拿出冰箱后，就要一次用完

保鲜盒(杯)保存

家中一定有很多有盖的保鲜盒或保鲜杯，除了做一般食材保存外，保存较为大量的高汤也很方便，只要将放冷的高汤，倒进保鲜盒（杯），盖上盖子，再放进冰箱冷藏或冷冻，使用时再挖出需要的分量即可，而且还能将高汤名称或保存时间标示在盒（杯）外面，更利于保存管理。

01 | 猪大骨高汤

● **材料**

猪大骨……………1500克
葱…………………100克
姜…………………200克
甘草片………………2片

● **调味料**

米酒…………………1杯
水……………6000毫升

● **做法**

1. 猪大骨洗净，放入沸水中汆烫去除血水，捞起以清水冲洗干净，备用。
2. 葱洗净切段；姜洗净切片，备用。
3. 将猪大骨、葱段、姜片、甘草片及所有调味料一起放入锅中煮至沸腾。
4. 转中小火继续炖煮约40分钟，再过滤材料、捞除浮末取汤汁即可。

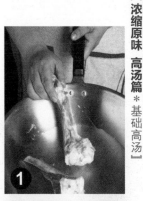

02 | 鸡高汤

● 材料

鸡脖子·················600克
胡萝卜·················120克
芹菜段···················50克
洋葱丝·················150克
口蘑丁·················120克
香叶·························2片
百里香粉················1小匙
西芹粉····················1小匙

● 调味料

水·················2000毫升
盐·························1小匙
鸡精······················1小匙
米酒·················100毫升
黑胡椒粒·················1大匙

● 做法

1. 鸡脖子去皮洗净，放入沸水中氽烫去除血水后，捞起以清水冲洗干净备用。

2. 将所有材料及水放入锅中煮至沸腾。

3. 转中小火继续炖煮约40分钟。

4. 加入盐、鸡精、米酒及黑胡椒粒调味即可。

Tips 好汤有技巧··············

之所以利用鸡脖子熬高汤，是因为鸡脖子里面含有大量的骨髓能让高汤的滋味更鲜美。可做各式中西式浓汤的汤底、火锅汤底，可也作为各种料理水的替代品。

03 | 鸡汁浓高汤

● 材料

鸡油·················100克
姜片························4片
洋葱丝···················80克
鸡皮·················500克
带皮鸡肉············1200克
鸡骨·················700克
水·················3000毫升

● 做法

1. 把鸡油倒入炒锅中炸出油，再放入姜片、洋葱丝，以中火炸2分钟炸至呈金黄色。

2. 加入鸡皮、鸡肉、鸡骨，以中火炒约10分钟后倒入汤锅内，加水以中火熬煮约3小时，过滤即可。

SOUP 【浓缩原味 高汤篇】* 基础高汤

04 | 牛骨高汤

● 材料

牛骨··············1500克
洋葱··············300克
玉米··············400克
姜················200克
芹菜叶················1片

● 调味料

米酒················1杯
水··············6000毫升

● 做法

1. 牛骨洗净，放入沸水中氽烫去除血水。
2. 捞起牛骨，以清水冲洗干净备用。
3. 玉米洗净切大段；姜洗净切片，备用。
4. 将牛骨、玉米、姜片及所有调味料一起入锅煮至沸腾。
5. 转中小火继续炖煮约40分钟，过滤材料、捞除浮末取汤汁即可。

Tips 好汤有技巧·················

　　牛骨高汤的味道较大骨高汤浓，且汤色呈现淡淡的乳白色，适宜做火锅汤底、牛肉面汤底、浓汤底或各种牛肉料理高汤，但不适合搭配金华火腿熬汤。

05 | 鱼高汤

● 材料

带肉鱼骨··············600克
蚬··············150克
葱段··············40克
姜片··············20克
芹菜段··············35克
香叶················3片
柠檬叶················1片

● 调味料

米酒··············200毫升
水··············3000毫升
盐··············1/2小匙
鸡精··············1/2小匙

● 做法

1. 将带肉鱼骨洗净，放入沸水中氽烫去除血水后，捞起以清水冲洗干净备用。
2. 蚬放入清水中吐沙备用。
3. 将所有材料及水放入锅中煮至沸腾。
4. 转中小火继续炖煮约30分钟。
5. 加入米酒、盐、鸡精调味即可。

Tips 好汤有技巧·················

　　鲜鱼高汤使用的带肉鱼骨，基本上可用任何鱼种，但以虱目鱼骨熬煮风味最佳。

06 | 鱼骨高汤

● 材料

鱼骨……………150克
小葱……………1根
姜………………150克
米酒……………1大匙
水………………1500毫升

● 做法

　　将鱼骨洗净后，加入葱、姜、米酒和水焖煮约1小时后，再过滤出汤底即可。

Tips **好汤**有技巧…………………

　　因为海鲜的腥味较重，所以用海鲜类的食材熬煮高汤时，可以多放一些葱、姜及米酒，除了可以去除海鲜的腥味外，浓郁的辛香味与酒味，也能让高汤风味多些层次。

07 | 鱼露清汤

● 材料

鸡骨……………600克　　　虾米……………30克
油………………30毫升　　　洋葱丝…………80克
比目鱼…………40克　　　　水………………2000毫升
小银鱼…………30克

● 做法

1. 将鸡骨洗净；用热油分别将比目鱼、小银鱼、虾米以小火炸酥，再加入洋葱丝炸至呈金黄色。
2. 将做法1的材料一起放入汤锅内，加水以小火熬煮约2小时即可。

Tips **好汤**有技巧…………………

　　所谓比目鱼就是扁鱼干，扁鱼干在各地各有不同的叫法，在广东、香港一带就称大地鱼。可用来熬汤头、煲汤、做馅料，甚至沙茶酱的主要原料也少不了比目鱼，在传统市场干货摊或是南北货商店都可以买到。

08 | 海带柴鱼高汤

● 材料

海带·············150克
柴鱼片··········30克

● 调味料

水··············2000毫升
盐··············1/2小匙
柴鱼粉··········1小匙

● 做法

1. 海带用干布擦拭干净备用。
2. 锅内放入海带及水，开火煮至沸腾，捞除海带熄火。
3. 锅中加入柴鱼片，待柴鱼片完全沉淀后捞除柴鱼片，过滤取汤汁，再加入盐、柴鱼粉调味即可。

Tips 好汤有技巧············

日式风味的汤头，适合用来作涮涮锅底、火锅汤底以及茶碗蒸、土瓶蒸等日本料理汤头。此外，柴鱼片不能久煮，否则汤头容易变涩，所以必须先熄火再放入柴鱼片，等待柴鱼片完全沉淀于汤中即可捞除。

09 | 海带香菇高汤

● 材料

干香菇·············30克
海带···············20克
腌渍梅子···········1颗
水·················2000毫升

● 做法

1. 香菇洗净、海带以干净的湿布擦拭干净，一起放入大碗中，加入水、腌渍梅子浸泡半天。
2. 将做法1的所有材料倒入汤锅中，以中小火煮约10分钟至略滚出现小气泡时熄火，再滤出高汤即可。

Tips 好汤有技巧············

腌渍梅子应选择不带甜味的，利用单纯的酸味引发出高汤的自然鲜甜，同时可使高汤有回甘的好风味。海带高汤主要是利用浸泡的方式使材料释放出好味道，因为海带如果久煮，会使汤汁变得很混浊，口感也会不够清爽。煮的时候也要避免汤汁过于沸腾，稍微出现沸腾的小气泡时就要马上熄火。

10 | 素高汤

● 材料

皮丝	300克
香菇	30克
胡萝卜	120克
玉米	240克
圆白菜	200克
甘草片	2片
胡椒粒	1大匙

● 调味料

水	2000毫升
盐	1小匙

● 做法

1. 皮丝、香菇分别浸泡入清水中至膨胀，取出挤干水分备用。

2. 胡萝卜去皮，切滚刀块；圆白菜洗净，切大片；玉米切段，备用。

3. 将所有材料及水放入锅中煮至沸腾，转中小火继续炖煮约30分钟。

4. 加盐调味，过滤材料、捞除浮末取汤汁即可。

11 | 蔬菜高汤

● 材料

洋葱	150克
西芹	50克
胡萝卜	150克
圆白菜	200克
番茄（中型）	2个
苹果（小型）	1个
水	2000毫升
香叶	2片

● 调味料

整颗黑胡椒粒	10粒
盐	3克

● 做法

1. 将所有蔬菜材料洗净，洋葱去皮切大块、西芹切段、胡萝卜去皮切小块、圆白菜切粗片、番茄去蒂切粗块、苹果切块备用。

2. 将水倒入汤锅中，加入做法1处理好的所有材料，再加入香叶和整颗黑胡椒粒以大火煮开，改中小火继续煮约30分钟至蔬菜香味溢出。

3. 将盐加入煮好的汤中引出汤头美味，再滤出高汤即可。

12 | 海鲜蔬菜高汤

● 材料

胡萝卜	2根	黑胡椒粒	1小匙
西芹	100克	香叶	3片
洋葱	1个	水	3000毫升
鱼骨	150克		

● 做法

1. 将所有蔬菜材料洗净，胡萝卜、西芹切丁；洋葱去皮切丁，备用。
2. 将做法1的材料、鱼骨、香叶、黑胡椒粒放入锅中，加入水煮沸。
3. 转小火熬煮30分钟，捞除材料留高汤即可。

Tips 好汤有技巧

将整条鱼的肉片下，将鱼头与鱼骨一起下锅熬煮汤头，鱼肉就可以留下来当汤料。

13 | 番茄高汤

● 材料

番茄	500克
洋葱	2个
胡萝卜	2根
水	3000毫升

● 做法

1. 将所有蔬菜材料洗净，番茄、胡萝卜切大块；洋葱去皮切大块，备用。
2. 将做法1的材料放入锅中，加入水煮沸。
3. 转小火熬煮1小时，捞除材料留高汤即可。

Tips 好汤有技巧

番茄汤底选用的番茄最好选择比较软、口味较酸且汤汁多的品种，这样煮出来的汤头味道才会足够。不建议使用味道清淡且汤汁少的桃太郎番茄，或是口味太甜的圣女果。

14 | 鲜笋高汤

● 材料

黄豆芽·················400克
冬笋·················600克
红枣·················5颗
水·················3000毫升

● 做法

将所有材料放进汤锅，以中火熬煮约4小时即可。

> **Tips 好汤有技巧**············
> 冬笋的纤维较其他笋类粗，且苦味略重，料理后会略带苦涩味。如果不喜欢高汤带有苦涩味，就必须用冷水熬煮，不要等水沸腾再放入冬笋，这样就可以减少苦涩味。

15 | 法式黄金高汤

● 材料

A
牛碎骨·············2000克
胡萝卜·················1根
西芹·················200克
洋葱·················1个
水·················2000毫升

B
胡萝卜·············100克
西芹·················100克
洋葱·················100克
肉泥·················1000克
鸡蛋（取蛋清）···15个

● 做法

1. 将材料A的蔬菜洗净切小块，与牛碎骨加入水中煮沸后，转小火熬煮3小时过滤取高汤备用。
2. 将所有材料B的蔬菜洗净切碎，备用。
3. 取1000毫升高汤加入肉泥、蛋清及蔬菜碎，以小火熬煮1小时，过滤取高汤即可。

> **Tips 好汤有技巧**············
> 高汤中最后加入蛋清可将汤的杂质及浮沫凝结，捞除后汤头就会清澈无比，因此无需担心切碎食材熬煮糊化后产生的杂质。

16 | 干贝高汤

● **材料**

干贝	50克
葱段	40克
姜片	20克

● **调味料**

水	3000毫升
米酒	200毫升

● **做法**

1. 干贝拍碎，放入油锅中炸至呈红褐色，捞出沥油；葱段、姜片洗净，以卤包袋装好，备用。
2. 取一锅，倒入水，放入干贝及葱姜卤包袋煮至沸腾。
3. 转小火继续煮约40分钟，取出葱姜卤包袋即可。

Tips 好汤有技巧
鲜美的干贝高汤可加点水淀粉勾芡，做成干贝冬瓜球的淋酱，也适合各式火锅汤头，或是拿来炖老母鸡汤。

17 | 蚝鼓高汤

● **材料**

肉骨	800克	蚝鼓	200克
水	2500毫升	虾米	30克
料酒	20毫升	姜	2片

● **做法**

1. 将肉骨氽烫洗净，放入汤锅中。
2. 将其余材料全部放入汤锅，与肉骨一起以小火煲4小时，过滤即可。

Tips 好汤有技巧
蚝鼓就是牡蛎白肉的干制品。由于风味鲜美，除了熬高汤之外，用来卤菜、炖饭也非常适合，在干货摊或南北货行都可买到。

18 | 虾米柴鱼高汤

● 材料

虾米·············150克
柴鱼片···········150克
水··············3000毫升
葱················3根
姜··············100克
海带·············750克

● 做法

　　将虾米、葱、姜和海带洗净后，加入水焖煮90分钟左右，加入柴鱼片，待完全沉淀，再过滤出汤底即可。

> **Tips 好汤有技巧**·············
>
> 　　海带是用海带晒干制成的，因此难免会有些灰尘杂质在上面。但不建议直接用水冲洗，因为这样会将海带的风味冲淡。可以用干布将表面擦拭干净，如果不放心想用水洗，也只要稍微冲一下水即可，千万别洗太久。

19 | 鲜虾高汤

● 材料

剑虾·············200克
螃蟹·············250克
芹菜段···········100克
洋葱丝···········200克
姜片··············50克
胡萝卜···········150克
百里香粉··········适量

● 调味料

水··············3000毫升
米酒·············200毫升
盐················1大匙
鸡精··············1大匙

● 做法

1. 剑虾、螃蟹洗净后沥干，放入烤箱内烤至上色且表面略焦。
2. 将剑虾、螃蟹放入搅拌机中一起打成泥。
3. 将剑虾螃蟹泥放入锅中，加入剩余材料及水熬煮至沸腾，转小火继续熬煮2个小时。
4. 将过滤取汤汁，再加入米酒、盐及鸡精调味即可。

20 | 麻辣锅汤头

● 材料

红葱头	100克	辣椒粉	15克
蒜头	100克	大红袍花椒	50克
牛脂肪	800克	葱	200克
色拉油	400毫升	姜	100克
纯辣椒酱	600克	牛骨	1200克
豆瓣酱	500克	猪骨	600克
豆豉	100克	水	15升
酒酿	400克	香叶	15克
干辣椒	150克		

● 调味料

八角	12克
丁香	8克
桂皮	20克
甘草	20克
白蔻仁	10克
草果	3颗

● 做法

1. 葱洗净切段、姜洗净切片，大红袍花椒以调理机打碎，备用。

2. 红葱头、蒜头洗净切末，备用。

3. 将豆瓣酱、豆豉、酒酿一起放入调理机中，打碎，备用。

4. 牛脂肪切小块，以沸水氽烫去杂质后捞起，放入炒锅中以中火炸至出油，再转小火炸至牛脂肪块缩小微干后捞除牛油渣。

5. 锅中加入400毫升的色拉油以降低温度，接着放入葱段、姜片炸至微焦后捞起，备用。

6. 锅中放入蒜末、红葱头，炸至颜色变金黄，再放入纯辣椒酱炒至呈亮红色，继续加入打碎的豆瓣酱、豆豉、酒酿不停拌炒（需不停拌炒，避免粘锅烧焦），炒至干松后再加入干辣椒、辣椒粉、打碎的大红袍花椒，不停拌炒至颜色红亮。

7. 取一高汤锅，倒入水与葱段、姜片，再倒入做法6的所有材料。

8. 将牛骨与猪骨氽烫后捞起、洗去秽血，再加入锅中熬煮约3小时，最后加入所有香料熬煮约30分钟后，将香料沥除即可。

21 | 白甘蔗汤头

● **材料**

白甘蔗··············600克
蚬·····················200克
圆白菜··············150克
大骨高汤······2000毫升
（做法参考P15）

● **做法**

1. 白甘蔗削皮，剁成小块；蚬放入清水中吐沙；圆白菜洗净后切块，备用。
2. 将做法1的材料全部入锅，加入大骨高汤以大火煮至沸腾。
3. 转小火继续熬煮1小时，起锅前加入盐、米酒调味即可。

> **Tips 好汤有技巧**···············
> 鲜甜的白甘蔗汤头除了可以用来当火锅汤头之外，事先不加盐调味也可以有大骨高汤的作用，但多了一股淡淡的甜味。

22 | 香茅汤头

● **材料**

香茅·······················5克
鲜柠檬皮··············100克
柠檬汁·············120毫升
玉米······················300克
胡萝卜··················200克
芹菜······················200克
水·····················2000毫升

● **做法**

1. 鲜柠檬皮去除内部白色部分，再将外皮切丝；玉米剥除叶子切段；胡萝卜去皮切块；芹菜洗净切段，备用。
2. 将所有材料（除柠檬汁之外）放入锅中以大火煮沸，转小火再煮30~40分钟。
3. 加入柠檬汁拌匀即可。

> **Tips 好汤有技巧**···············
> 香茅高汤不但可以当作香茅火锅的汤底，用作其他南洋料理的高汤底或煮南洋风味的高汤也很合适。

23 | 咖喱火锅汤头

● 材料

鸡骨……………600克
猪骨……………600克
洋葱……………200克
番茄……………100克
蒜头……………100克

色拉油…………150毫升
泰式黄咖喱……100克
咖喱粉…………30克
水………………8000毫升

● 做法

1. 鸡骨、猪骨分别洗净沥干，备用。
2. 洋葱洗净沥干，切四等份；番茄洗净切四等份；蒜头洗净沥干切末，备用。
3. 将做法1的材料放入沸水中汆烫去杂质后捞起，以冷开水冲净备用。
4. 取一深锅，将水倒入锅中，放入洋葱、番茄及鸡骨、猪骨熬煮约1小时。
5. 另热一锅，放入色拉油烧热后，放入蒜末、泰式黄咖喱与咖喱粉以小火拌炒约3分钟。
6. 将做法5的材料倒入做法4的锅中，熬煮约1小时，过滤取汤汁即可。

24 | 沙茶火锅汤头

● 材料

猪骨……………500克
鸡骨……………500克
比目鱼…………50克
洋葱……………200克
黄豆芽…………100克
色拉油…………50毫升
柴鱼片…………50克
水………………8000毫升

● 调味料

沙茶酱…………300克
细砂糖…………30克

● 做法

1. 猪骨、鸡骨分别洗净沥干，备用。
2. 比目鱼烤香；洋葱洗净沥干，切小块；黄豆芽洗净沥干，备用。
3. 将做法1的材料放入沸水中汆烫去杂质后，以冷开水洗净，备用。
4. 热一锅，烧热后放入色拉油、洋葱块、黄豆芽炒约3分钟。
5. 取一深锅，将做法4的材料倒入锅中后，加入水及比目鱼、做法3的材料、柴鱼片及所有调味料，以大火煮至沸腾后，转小火续煮约2小时，过滤取汤汁即可。

25 | 泡菜汤头

● **材料**

大白菜·················600克
蒜末·················70克
姜汁·················30克
花椒粒·················1克

● **腌料**

辣椒酱·················150克
糖·················2大匙
香油·················1大匙
白醋·················1大匙
辣椒粉·················2小匙

● **调味料**

水·················3000毫升
盐·················1大匙
鸡精·················1大匙
米酒·················60毫升

● **做法**

1. 大白菜洗净沥干，一片片剥下后，涂抹少许盐（分量外）置放至出水，再将大白菜片挤干水分备用。

2. 将所有腌料混合均匀，均匀涂抹在大白菜片上，静置腌渍约6小时，即成泡菜。

3. 将泡菜加上所有调味料以大火煮至沸腾，转中小火继续煮半小时即可。

26 | 酸白菜 火锅汤头

● **材料**

酸白菜·················300克
五花肉·················1000克
豆腐·················1块
大骨高汤······1200毫升
（做法参考P15）

● **调味料**

酸白菜汤汁·········3大匙
鸡精·················1/2小匙
盐·················适量

● **做法**

1. 酸白菜切大块；五花肉洗净，切薄片；豆腐洗净，切成8~10块的小方块备用。

2. 锅中放入大骨高汤、酸白菜块、酸白菜汤汁、五花肉片、豆腐块加热至肉片略熟后，再放入其余调味料调味即可。

27 | 蒙古锅汤头

● 材料

A 水20升、鸡骨600
   克、猪大骨1200
   克、洋葱600克、苹
   果600克、胡萝卜
   600克

B 八角10克、豆蔻10
   克、当归2片、花椒
   10克、肉桂12克、
   甘草12克、香叶8
   克、陈皮6克、川芎
   6克、小茴香6克、
   孜然200克、高良姜
   6克、肉苁蓉6克、
   辛夷6克

● 做法

1. 将材料B放入调理机中打碎，
   再放入卤包袋中（可包成5
   包），备用。
2. 洋葱剥皮、去头尾切开；苹果
   洗净切半；胡萝卜洗净切段，
   备用。
3. 鸡骨、猪大骨汆烫冲水洗净
   备用。
4. 取一高汤锅，加入20升的
   水，放入做法2与做法3的材
   料，开大火待水沸后，转成小
   火，让水保持微沸状态即可，
   熬煮约4小时。
5. 待高汤熬煮约4小时后，放
   入香料包，继续熬煮约30分
   钟，待香味溢出后过滤出清汤
   即可。

28 | 水果牛奶汤头

● 材料

苹果	2个	蛤蜊	150克
柳橙	3个	鲜奶	1000毫升
柳橙皮	150克	水淀粉	少许
洋葱	200克		
鲜虾	150克		

● 做法

1. 苹果去皮切丁；柳橙去皮切丁；柳橙皮去除内部白色部分，切成细丝；洋葱去皮切丝；鲜虾洗净；蛤蜊放入清水中吐沙，备用。
2. 将所有材料（除水淀粉外）放入锅中煮至沸腾，以水淀粉勾芡即可。

> **Tips 好汤有技巧**
> 水果牛奶汤头清爽的水果牛奶风味可以用来当火锅的汤底，还可以用来当浓汤的汤底，与海鲜一起料理风味绝佳。

29 | 石头火锅汤头

● 材料

洋葱	1/4个
蒜头	2个
猪油	1大匙
大骨高汤	1200毫升
（做法参考P15）	

● 调味料

甘草粉	少许
肉桂粉	少许
辣椒粉	少许

● 做法

1. 洋葱洗净，切丁；蒜头切片备用。
2. 锅中放入猪油加热，放入洋葱丁、蒜片以中火爆香备用。
3. 锅中放入做法2的所有材料，再加入大骨高汤和所有调味料，以中火慢慢加热后，放入火锅料煮熟即可。

30 | 红烧牛肉汤头

● 材料

熟牛腱·····················1个
小葱·······················3根
牛脂肪·····················50克
姜·························50克
红葱头·····················3个
蒜头·······················3个
花椒·····················1/4小匙
牛骨高汤·············3000毫升
（做法参考P17）

● 调味料

豆瓣酱·····················2大匙
盐·······················1小匙
糖·······················1/2小匙

● 做法

1. 将熟牛腱切成小块；小葱洗净切小段；姜洗净去皮拍碎；红葱头去皮切碎；蒜头切成细末备用。

2. 将牛脂肪放入沸水中汆烫去脏，捞出沥干后切成小块备用。

3. 热一锅，锅内加少许色拉油，放入牛脂肪翻炒至出油，再炒至牛脂肪呈现焦、黄、干的状态时，放入葱段，以小火炒至葱段呈金黄色，再加入姜碎、红葱碎、蒜末，炒约1分钟，再放入花椒、豆瓣酱与牛腱肉块，继续以小火炒约3分钟，最后加入牛骨高汤煮至滚。

4. 将做法3的材料倒入不锈钢汤锅内，以小火焖煮约1小时后，捞出较大的姜碎、葱段及花椒等材料，最后加入剩余调味料，煮至再度滚沸即可。

31 | 清炖牛肉汤头

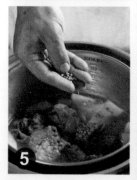

● 材料

牛肋条	300克
白萝卜	100克
老姜	50克
小葱	2根
花椒	1/4茶匙
胡椒粒	1/4茶匙
牛骨高汤	3000毫升

（做法参考P17）

● 调味料

盐	1大匙
米酒	1大匙

● 做法

1. 将牛肋条放入沸水中汆烫去秽血，捞出后切成3厘米长小段备用。

2. 白萝卜去皮切成长方片，并放入沸水中汆烫；老姜去皮后切片；小葱洗净切段备用。

3. 将牛肋条段、做法2的所有材料与花椒、胡椒粒放入电锅中，再加入所有调味料与牛骨高汤，在外锅加入1杯水，按下开关炖煮，跳起后再加入1杯水继续煮约2.5小时即可。

注：也可将所有处理好的材料一起放入汤锅中，以小火炖煮约2.5小时即可。

32 | 药膳牛肉汤头

● 材料

A 牛肋条300克、牛骨高汤3000毫升（做法参考P17）

B 当归3片、川芎4片、茯苓4克、黄芪10克、甘草3克、熟地6克、红枣8颗、桂枝5克、白芍3克、党参5克

● 调味料

米酒200毫升、盐1大匙

● 做法

1. 牛肋条放入沸水中氽烫去秽血，捞出后切成3厘米长的小段备用。
2. 所有药材用水洗净后，捞出沥干水分，并浸泡在牛骨高汤里30分钟。
3. 将牛肋条块、做法2的药材、牛骨高汤与米酒放入电锅内，外锅加入1杯水，按下开关炖煮，跳起后再加入1杯水继续煮，连续炖煮约3小时，起锅前加入盐调味即可。

33 | 麻辣牛肉汤头

● 材料
熟牛腿肉300克、小葱1根、牛脂肪50克、姜50克、红葱头3个、蒜头3颗、花椒1小匙、干辣椒6个、牛骨高汤3000毫升（做法参考P17）

● 调味料
盐1/2小匙、糖1小匙、辣豆瓣酱2大匙

● 做法

1. 将熟牛腿肉切小块；葱洗净切小段；姜洗净去皮拍碎；红葱头去皮切碎；蒜头切细末；牛脂肪汆烫去脏，沥干切小块备用。

2. 热锅，加少许色拉油，放入牛脂肪翻炒至出油并呈现焦、黄、干的状态时，放入花椒略炒，再放入小葱段，小火炒至呈金黄色时放入干辣椒炒至呈棕红色，最后放入姜末、红葱末、蒜末炒约2分钟。

3. 加入辣豆瓣酱以小火炒约1分钟，再加入熟牛腿肉块炒约3分钟，最后加入牛骨高汤。

4. 将做法3的材料全部倒入汤锅内以小火炖煮约1小时，再加入剩余调味料再煮30分钟即可。

34 | 番茄牛肉汤头

● 材料
熟牛肉	300克
番茄	500克
洋葱	1/2个
牛脂肪	50克
姜	50克
红葱头	30克
牛骨高汤	3000毫升

（做法参考P17）

● 调味料
盐	1小匙
糖	1大匙
番茄酱	2大匙
豆瓣酱	1大匙

● 做法

1. 熟牛肉切块；洋葱洗净切碎；番茄洗净切小丁；姜与红葱去皮后切末备用。

2. 将牛脂肪放入沸水中汆烫去脏，再捞出沥干水分后，切小块备用。

3. 热锅，加少许色拉油，放入牛脂肪块翻炒至出油，炒至牛脂肪呈现焦、黄、干的状态时，放入姜末、红葱末与碎洋葱一起炒香，再放入豆瓣酱以及番茄丁略炒，最后加入熟牛肉块再炒约2分钟。

4. 将牛骨高汤倒入锅内，以小火煮约1小时后，加入其余调味料再煮15分钟即。

35 | 担仔面汤头

● 材料
大骨高汤……3000毫升
（做法参考P15）
虾头……150克

● 做法
1. 将虾头去除触须后洗净，放入大骨高汤内以大火煮至沸腾。
2. 转小火继续熬煮3个小时。
3. 熄火过滤取汤汁即可。

Tips 好汤有技巧

除了虾头之外，虾壳也能用来熬高汤，这些原本弃之不要的部分其实味道鲜美，如果只取虾仁，虾头、虾壳丢弃太可惜，不妨拿来熬汤。此汤头不仅能用来做担仔面，其他传统风味的汤面也可以利用。

36 | 猪骨拉面汤头

● 材料
猪大骨	1500克
猪背油	100克
洋葱丝	150克
蒜头	50克
姜片	30克
蚬	80克
水	5000毫升

● 调味料
盐	1小匙
糖	1小匙
鸡精	1小匙
胡椒粒	6克
香油	适量
米酒	200毫升

● 做法
1. 猪大骨放入沸水中氽烫去除血水，捞出冲洗干净；蚬放入清水中吐沙，备用。
2. 将所有材料及调味料放入锅中煮至沸腾，转中小火煮至汤汁剩约一半，且呈乳白色（约3个小时）时，熄火放冷却。
3. 将冷却的汤头，继续以中小火煮约3个小时即可。

37 | 味噌拉面汤头

● 材料

大骨··········1000克
猪皮···········500克
瘦肉···········500克
洋葱············2个
小葱············3根
胡萝卜··········1根
大白菜·········1/2棵
海带···········30克
姜············60克
水··········5000毫升

● 调味料

味噌···········600克

● 做法

将所有材料一起放入汤锅中，以大火熬煮约3小时，加入味噌，继续煮至再度滚沸即可。

38 | 酱油拉面汤头

● 材料

A 猪骨 ··········500克
  鸡骨 ··········500克
  梅花肉··········1条
  （以绵线扎紧）

B 盐············适量
  洋葱············1个
  白萝卜·········1/2根
  柴鱼片·········50克
  水··········4000毫升

● 做法

1. 将所有材料A一起放入汤锅中，以小火熬煮1小时后，将梅花肉捞起抹盐。
2. 继续以小火熬煮汤锅内的材料约1小时即可。

Tips 好汤有技巧·················

梅花肉要以棉绳捆紧再放入汤头中熬煮，因为高汤起码要熬煮1小时以上，若没有捆紧，在长时间的炖煮下肉会四分五裂，只有捆起来才能保持完整，这样待汤头完成后，还可用其制作日式叉烧肉。

39 | 火腿汤头

● 材料
鸡骨·················1000克
瘦猪肉··············600克
带骨火腿···········300克
胡椒粒··············20克
水·················3000毫升

● 做法
1. 将鸡骨、瘦猪肉氽烫洗净，放入汤锅中加水。
2. 把带骨火腿、胡椒粒也放入汤锅内，以小火熬煮约5小时后过滤即可。

Tips 好汤有技巧
带骨的火腿可以选用中式火腿，例如金华火腿，因为骨头中有骨髓，熬煮后会溶在汤中，比单用火腿肉会有更多层的鲜味。

40 | 海鲜汤头

● 材料
蛤蜊··············400克
虾·················4只
牡蛎··············200克
洋葱··············1/4个
姜···············30克
水·············1500毫升

● 做法
将水煮开，加入所有材料，以小火续煮约30分钟即可。

Tips 好汤有技巧
洋葱天然的鲜甜味是增加汤头鲜味的好食材。一般海鲜食材都会加葱来去腥，不过葱的鲜甜味没有洋葱重，将葱改成洋葱不但有去腥的效果，还能多了甜味。

41 | 洋葱浓汤头

● 材料

肉骨⋯⋯⋯⋯⋯800克
洋葱片⋯⋯⋯⋯500克
胡萝卜片⋯⋯⋯⋯200克
水⋯⋯⋯⋯⋯2500毫升

● 做法

1. 将肉骨、洋葱片、胡萝卜片用烤箱以250℃的温度烤到焦黄（或炒香）。
2. 将做法1的材料取出放入汤锅内，加水以中火熬煮约2小时后过滤即可。

Tips 好汤有技巧⋯⋯⋯⋯

　　鲜甜的洋葱可以让汤头变得甜美，不过如果先将其拌炒或烤过，洋葱的甜味会更加明显。将洋葱加热到透明，洋葱的甜味就会完全释放出来，用来熬汤更美味。

42 | 葱烧汤头

● 材料

肉骨⋯⋯⋯⋯⋯1000克
水⋯⋯⋯⋯⋯2000毫升
油⋯⋯⋯⋯⋯300毫升
小葱⋯⋯⋯⋯⋯10根
盐⋯⋯⋯⋯⋯1小匙

● 做法

1. 小葱洗净切段备用。
2. 将肉骨烫后放入汤锅，加入2000毫升的水备用。
3. 把油烧热，放入小葱段炸至焦黄后捞起，放入汤锅内，以小火熬煮约2小时即可。

Tips 好汤有技巧⋯⋯⋯⋯

　　小葱的风味与肉类非常速配，用葱烧汤头来炖肉、煮牛肉面都非常适合，不过小葱要事先炸过，把原来的辛辣味去除，汤头的风味才会浓醇。

43 | 泰式酸辣汤头

● 材料

猪骨	800克	番茄	2个
虾壳	300克	柠檬	1个
泰国辣椒	3个	辣椒膏	3大匙
香茅	3根	水	3000毫升
洋葱	1个	香醋	100毫升

● 做法

1. 将猪骨烫过洗净备用。
2. 将所有材料（香醋除外）放入汤锅中，以小火熬煮约2小时，最后加入香醋即可。

> **Tips 好汤有技巧**
>
> 泰式风味一定不能缺少香茅，虽然新鲜香茅不容易买到，但是可以在东南亚食品行买到干燥的香茅，其实干燥过的香茅味道更浓郁，用来熬汤更适合。

44 | 越式汤头

● 材料

牛肉	500克
牛骨	1块
香茅	3根
柠檬叶	4片
柠檬	1个
水	3000毫升

● 做法

1. 柠檬带皮切片，备用。
2. 将所有材料放入汤锅内，以中火熬煮，并不时地捞除浮沫，煮约4小时即可。

> **Tips 好汤有技巧**
>
> 当香料使用的柠檬叶通常是泰国柠檬叶，但因为摘种不易，市面上大都是干燥的柠檬叶。干燥柠檬叶只要密封存放就可以了，有清淡的柠檬香，很适合用于海鲜料理的烹调，可以增加香气、去除腥味。

CLEAR SOUP

清爽鲜美 清汤篇

清汤通常是指水沸后将食材放入，待水再次滚沸后调味即可的汤品，或是炖煮时间不超过1小时的汤品。我们常喝的鸡汤、排骨汤、蔬菜汤、下水汤等都是这种喝得到食材原味的清爽汤品，吃完大鱼大肉后来碗清汤再合适不过了。

清汤——美味关键

1 材料要新鲜，煮汤前要处理干净

清汤因为调味简单，所以材料新鲜很重要，新鲜的材料煮出来的汤头才会鲜美。而材料在煮汤之前一定要先用水清洗，肉类也要先汆烫去血水并用冷水冲洗干净，这样汤头才不易带有腥味或杂质。

2 调味料最后加，提味又不影响鲜美

调味料一定要起锅前再放，尤其是含盐分的调味料。因为盐分会使肉中的蛋白质收缩，所以如果太早加入调味料，便会导致肉中的鲜味无法融入汤中而影响汤头的美味。

3 有浮沫杂质最好要捞除

煮汤的过程中多少会有油脂或杂质浮在表面，记得要在汤品上桌前将它们捞除，这样就不会破坏汤品的外观与质感，食用时也不会因吃到浮沫杂质而影响风味与口感。

汤怎么煲最好喝

煲汤看似简单，但还是有许多小秘诀、小技巧，懂得这些窍门，你煲的汤就会有大厨的好味道。

高汤美味秘诀

【秘诀1】

骨头材料经过汆烫的步骤可以去除杂味，熬出来的高汤味道香纯鲜美。汆烫之后再冲洗干净，还可以去除血污，从而使汤汁更加清澈。

【秘诀2】

熬好的高汤必须先过滤后才可以使用，如此才能口感细致且汤汁清澈。而没有马上使用的高汤，也会因过滤去除掉熬煮后的渣渍，可以保存较长时间而不容易变质。

【秘诀3】

熬煮高汤时，食材须放入冷水中开始煮，并且水和食材按一定的比例搭配。熬煮时，要用慢火充分将其精髓熬出，过程中不需加盐，但要不时地捞除浮沫。此外，高汤并不是熬得越久就越美味。每一种高汤都有特定的熬煮时间，熬得过久会使高汤释出杂质而变得浑浊，熬的时间不够，又熬不出精髓，所以时间的掌控相当重要。

【秘诀4】

熬煮高汤的骨头买回来，不太可能洗得很干净，所以最好事先汆烫一下。放入锅中熬煮时，骨髓筋膜会在水煮过后产生很多浮沫，所以要不时捞除浮沫，或是在炖好之后以纱布过滤一次，这样高汤才较清澈干净。

【秘诀5】

熬高汤使用的材料有肉块、蔬菜、香料等，蔬菜常用洋葱、西芹和胡萝卜，香料则通常有百里香、香叶、欧芹等，还有香料束或香料袋，差别只在于香料束是用线将香料绑起来，而香料袋是先将香料切碎装袋。

【秘诀6】

选购熬高汤的骨头时，第一个要注意的是新鲜。由于高汤忌油，除了在熬煮过程中要不时捞除浮油外，在熬煮前也要先把过多的肥肉去掉。

45 | 香菇竹荪鸡汤

● 材料

土鸡块	600克
干竹荪	5条
香菇	12朵
水	600毫升
米酒	1大匙
姜片	3片

● 调味料

盐	1茶匙

● 做法

1. 将土鸡块放入沸水中汆烫，洗净后去掉鸡皮备用。
2. 将干竹荪剪掉蒂头，洗净以水泡至胀发，剪成4厘米长的段备用。
3. 香菇洗净，泡软去蒂留汁备用。
4. 将做法1、做法2、做法3的所有材料放入锅内，加水、姜片、米酒和盐调味，放入电锅中，外锅加2杯水炖煮，待开关跳起即可。

Tips 好汤有技巧

干燥的竹荪要先把硬硬的头剪掉，以免影响口感；切块的鸡肉要先放入沸水中汆烫，这样煮出来的汤才不会有杂质。

46 菠萝苦瓜鸡汤

● 材料

土鸡块..............300克
苦瓜................200克
咸菠萝................5块
姜片..................3片
水................1500毫升

● 调味料

盐................1/4小匙
米酒................1大匙

● 做法

将苦瓜剖开，刮除白膜，切成小块备用。

将土鸡块放入沸水中氽烫，洗净后放入炖锅中。

将咸菠萝、姜片、盐、米酒、苦瓜块和水加入炖锅中，以小火煮90分钟即可。

47 | 香菇竹笋鸡汤

● 材料

鸡肉·················600克
香菇（小朵）······15朵
竹笋块·············300克
水·················2200毫升

● 调味料

盐·················1小匙
鸡精···············1/2小匙
米酒···············1/2小匙

● 做法

1. 鸡肉洗净，放入沸水中略汆烫后，捞起用水冲洗干净，沥干备用。
2. 香菇洗净，浸泡在水中备用。
3. 取锅，放入鸡肉、竹笋块、水和香菇和泡香菇的水，以大火煮至滚沸。
4. 转小火，并盖上锅盖煮约50分钟，再加入调味料煮匀即可。

Tips 好汤有技巧

要熬出好喝的鸡汤首先要保证材料新鲜，特别是炖煮的主角"鸡肉"，这样煮出来的汤头才会鲜美。另外，最好选择脂肪含量较低的鸡肉，或是在煮汤之前去除一些多余的脂肪，煮出来的汤头才不会太油腻。

48 | 芥菜鸡汤

● 材料

乌鸡肉…………300克
芥菜心…………100克
泡发香菇…………5朵
姜丝……………15克
水…………1200毫升

● 调味料

料酒……………15毫升
盐………………1/2茶匙
鸡精……………1/4茶匙

● 做法

1. 乌鸡肉剁小块，放入沸水中汆烫去脏血，再捞出用冷水冲凉、洗净；芥菜心切小块；水发香菇切片，备用。

2. 将做法1的所有材料与姜丝一起放入汤锅中，加入水，以中火煮至滚沸。

3. 捞去浮沫，再转微火，加入料酒，不盖锅盖煮约30分钟，关火起锅后加入盐与鸡精调味即可。

49 | 瓜仔鸡汤

● 材料

土鸡肉·············300克
罐头花瓜···········70克
罐头花瓜汁·········40毫升
蒜头··············15克
水···············1200毫升

● 调味料

盐···············1/2小匙
鸡精··············1/4小匙

● 做法

1. 土鸡肉剁小块，放入沸水中氽烫去脏血，再捞出用冷水冲凉、洗净，放入汤锅中。

2. 锅中继续加入罐头花瓜与罐头花瓜汁、蒜头、水，以中火煮至滚沸。

3. 捞去浮沫，再转微火，不盖锅盖煮约30分钟，关火后加入所有调味料调味即可。

ips 好汤有技巧·············

　　鸡肉块煮汤前一定要先氽烫去脏血等，且氽烫后要再用冷水冲洗一下，不然会有捞不完的浮沫，煮出来的汤也会不够清澈。

50 | 剥皮辣椒鸡汤

● 材料

土鸡肉·············300克
剥皮辣椒···········80克
辣椒汁············50毫升
蒜头··············15克
水···············1200毫升

● 调味料

盐···············1/2小匙
鸡精··············1/4小匙

● 做法

1. 土鸡肉剁小块，放入沸水中氽烫去脏血，再捞出用冷水冲凉、洗净，放入汤锅中。

2. 在汤锅中继续加入剥皮辣椒、辣椒汁、蒜头、水，以中火煮至滚沸。

3. 捞去浮沫，再转微火，不盖锅盖煮约30分钟，关火后加入所有调味料调味即可。

51｜蛤蜊冬瓜鸡汤

● 材料

土鸡肉…………300克
蛤蜊……………150克
冬瓜……………150克
姜丝…………… 15克
水…………1200毫升

● 调味料

料酒…………… 15毫升
盐………………1/2小匙
鸡精……………1/4小匙

● 做法

1. 蛤蜊用沸水汆烫约15
   秒后取出、冲凉水，用
   小刀将壳打开，把沙洗
   净，备用。

2. 土鸡肉剁小块，放入沸
   水中汆烫去脏血，再捞
   出用冷水冲凉洗净；冬
   瓜切厚片，与处理好的
   土鸡肉块、姜丝一起放
   入汤锅中，再加入水，
   以中火煮至滚沸。

3. 捞去浮沫，再转微火，
   加入料酒，不盖锅盖煮
   约30分钟至冬瓜软烂
   后，加入蛤蜊，待鸡汤
   再度滚沸后，加入盐与
   鸡精调味即可。

52 | 萝卜干鸡汤

● 材料

土鸡肉·············300克
老萝卜干···········50克
蒜头···············10粒
水··············1200毫升

● 调味料

盐···············1/4小匙
鸡精·············1/4小匙

● 做法

1. 土鸡肉剁小块，放入沸水中氽烫去脏血，再捞出用冷水冲凉洗净，放入汤锅中。
2. 老萝卜干洗净、切片，与姜片、水一起加入汤锅中，以中火煮至滚沸。
3. 捞去浮沫，再转微火，不盖锅盖煮约30分钟，关火后加入所有调味料调味即可。

Tips 好汤有技巧·················
　　将制成的萝卜干一次又一次地曝晒，再储存一年又一年，这样萝卜干就会越老越香品质越好。某些老字号客家餐馆至今还有数十年的陈腌老萝卜干，年代越久者越难买到，价格也相对昂贵。

53 | 蒜头鸡汤

● 材料

乌鸡···············1/2只
蒜头···············100克
水··············800毫升
料酒·············100毫升

● 调味料

盐···············1/2小匙

● 做法

1. 乌鸡剁小块，以沸水氽烫去除血水后洗净，置砂锅中。
2. 锅中放入去皮蒜头，加水、料酒、盐以小火炖煮约40分钟即可。

Tips 好汤有技巧·················
　　用汤锅煮鸡汤，要等汤沸后再捞浮沫，这样可以一次捞掉绝大部分的浮沫，比较省事。

54 | 菱角鸡汤

●材料

土鸡肉…………300克
菱角肉…………100克
枸杞子……………5克
姜丝……………15克
水…………1200毫升

●调味料

料酒…………15毫升
盐……………1/2小匙
鸡精…………1/4小匙

●做法

1. 土鸡肉剁小块，放入沸水中氽烫去脏血，再捞出用冷水冲凉洗净，备用。
2. 将菱角肉与土鸡肉块、姜丝、枸杞子一起放入汤锅中，加水，以中火煮至滚沸。
3. 待鸡汤滚沸后捞去浮沫，再转微火，加入料酒，不盖锅盖约30分钟，关火起锅后加入盐与鸡精调味即可。

Tips **好汤**有技巧……………
怕胖的人不妨在烹调前，先将鸡肉上所有可见到的脂肪都切除，这样炖出来的汤就不会太油腻。

55 | 栗子冬菇鸡汤

●材料

土鸡肉…………200克
去皮鲜栗子……100克
泡发香菇…………5朵
姜片……………15克
水…………500毫升

●调味料

盐……………3/4小匙
鸡精…………1/4小匙

●做法

1. 土鸡肉剁小块，放入沸水中氽烫去脏血，再捞出用冷水冲凉洗净，备用。
2. 香菇切小片，与土鸡肉块、鲜栗子、姜片一起放入汤盅中，再加入水，盖上保鲜膜。
3. 将汤盅放入蒸笼中，以中火蒸约1小时，蒸好取出后加入所有调味料调味即可。

56 | 山药鸡汤

● 材料

土鸡肉	200克
山药	100克
枸杞子	4克
姜片	15克
水	500毫升

● 调味料

盐	3/4小匙
鸡精	1/4小匙

● 做法

1. 土鸡肉剁小块，放入沸水中汆烫去脏血，再捞出用冷水冲凉、洗净，备用。
2. 山药去皮、切长条，与土鸡肉块、姜片、枸杞子一起放入汤盅中，再加入水，盖上保鲜膜。
3. 将汤盅放入蒸笼中，以中火蒸约1小时，蒸好取出后加入所有调味料调味即可。

【清爽鲜美 清汤篇* 鸡、鸭汤】

SOUP

51

57 | 干贝鲜笋鸡汤

● 材料
乌鸡肉…………300克
干贝………………20克
鲜绿竹笋…………120克
泡发香菇…………20克
姜片………………15克
水……………1200毫升

● 调味料
盐……………1/2小匙
鸡精…………1/4小匙

● 做法
1. 乌鸡肉剁小块，放入沸水余烫去脏血，捞出用冷水冲凉、洗净；鲜绿竹笋切小块，备用。
2. 干贝用60毫升冷水浸泡约30分钟后，连汤汁与乌鸡肉块、鲜绿竹笋块、香菇、姜片一起放入汤锅中，再加入水，以中火煮至滚沸。
3. 捞去浮沫，再转微火，盖上锅盖煮约1.5小时，关火起锅后加入所有调味料调味即可。

> **Tips 好汤** 有技巧……………
> 鸡肉的脂肪几乎大半包含在皮中，烹调前或烹调后，如果能将鸡皮去掉，便可以大大降低鸡肉的热量。

58 | 槟榔心鲜鸡汤

● 材料
土鸡肉…………300克
槟榔心……………80克
枸杞子……………5克
姜丝………………15克
水……………1200毫升

● 调味料
料酒…………15毫升
盐……………1/2小匙
鸡精…………1/4小匙

● 做法
1. 土鸡肉剁小块，放入沸水中余烫去脏血，再捞出用冷水冲凉洗净；槟榔心切段，备用。
2. 将做法1的所有材料与姜丝、枸杞子一起放入汤锅中，加水，以中火煮至滚沸。
3. 捞去浮沫，再转微火，加入料酒，不盖锅盖煮约30分钟，关火起锅后加入盐与鸡精调味即可。

> **Tips 好汤** 有技巧……………
> 槟榔心又称半天笋，口感鲜嫩，在超市或传统市场都可见到已包装的或新鲜的半天笋。

59 | 番茄蔬菜鸡汤

○材料

乌鸡肉	300克
番茄	100克
胡萝卜	70克
芹菜	40克
蒜头	20克
香菜茎	10克
水	1200毫升

○调味料

盐	1/2小匙
鸡精	1/4小匙

○做法

1. 乌骨鸡肉剁小块，放入沸水中汆烫去脏血；再捞出用冷水冲凉洗净，放入汤锅中备用。

2. 番茄、胡萝卜洗净切小块；芹菜挑去老叶；香菜茎、蒜头洗净，一起加入汤锅中，再加入水。

3. 以中火煮至滚沸，捞去浮沫，再转微火，盖上锅盖煮约1.5小时，关火起锅后加入所有调味料调味即可。

60 白果萝卜鸡汤

● 材料
土鸡肉⋯⋯⋯⋯200克
鲜白果⋯⋯⋯⋯40克
白萝卜⋯⋯⋯⋯100克
红枣⋯⋯⋯⋯⋯5颗
姜片⋯⋯⋯⋯⋯15克
水⋯⋯⋯⋯⋯500毫升

● 调味料
盐⋯⋯⋯⋯⋯3/4小匙
鸡精⋯⋯⋯⋯1/4小匙

● 做法
1. 土鸡肉剁小块,放入沸水中汆烫去脏血,再捞出用冷水冲凉洗净,备用。
2. 白萝卜去皮后切小块,与土鸡肉块、白果、红枣、姜片一起放入汤盅中,再加入水,盖上保鲜膜。
3. 将汤盅放入蒸笼中,以中火蒸约1.5小时,关火取出后再加入所有调味料调味即可。

61 | 麻笋福菜鸡汤

● 材料

乌鸡……………………1/2只
麻笋……………………1/2支
姜………………………30克
福菜……………………80克
水…………………1500毫升

● 调味料

盐………………………1小匙

● 做法

1. 乌鸡洗净剁小块，放入沸水中余烫，捞出沥干水分备用。
2. 麻笋洗净切片；福菜以水浸泡，洗去沙粒后切小段；姜去皮拍碎备用。
3. 取一汤锅，加入1500毫升水，加入做法1、做法2的所有食材以小火煮约1小时，再以盐调味即可。

62 | 金针菇鸡汤

● 材料

金针菇…………………1包
鸡胸肉………………100克
姜片……………………少许
胡萝卜片………………20克
葱段……………………10克
水…………………500毫升
淀粉……………………少许

● 调味料

A 盐 ……………………少许
　糖 ……………………少许
　胡椒粉 ………………少许
B 香油 …………………少许
　米酒 …………………少许

● 做法

1. 将金针菇去头洗净备用；鸡胸肉洗净切片，加入腌料腌10分钟。
2. 取锅装水加热，水沸后放入姜片、胡萝卜片与腌好的鸡肉片，以小火煮沸，再放入金针菇与调味料A略拌，最后加入葱段、淋上香油即可。

63 | 紫苏梅竹笋煲鸡腿

● 材料

鸡腿肉…………250克
绿竹笋…………300克
紫苏梅……………6颗
姜片………………5克
水……………1300毫升

● 调味料

盐…………………少许
鸡精………………少许

● 做法

1. 鸡腿肉洗净，放入沸水中汆烫去除血水，捞起以冷水洗净，备用。
2. 绿竹笋洗净，切成块，备用。
3. 取一砂锅，放入1300毫升水以中火煮至沸腾，放入鸡腿肉、绿竹笋块，转小火继续煮约30分钟。
4. 将紫苏梅、姜片放入砂锅中，以小火再煮30分钟后，加入所有调味料拌匀即可。

64 | 啤酒鸡汤

● 材料

鸡腿……………… 2个
胡萝卜……………30克
姜………………… 10克
小葱………………1根
洋葱……………… 1/2个
啤酒……………330毫升
水………………300毫升

● 调味料

白胡椒粉…………少许
香油………………1大匙
盐…………………少许

● 做法

1. 鸡腿切成大块备用。
2. 胡萝卜、姜洗净切片；小葱洗净切段；洋葱洗净切丝备用。
3. 起一油锅，加入鸡腿块，以中火慢慢炒至呈金黄色。
4. 锅中加入做法2的全部材料与所有调味料继续炒约1分钟，再倒入啤酒与水。
5. 盖上锅盖，以小火煮约30分钟即可。

65 | 鸡肉豆腐蔬菜汤

● 材料

鸡肉	200克
冻豆腐	1块
番茄	1个
大白菜	50克
秀珍菇	50克
洋葱	20克
水	2000毫升

● 调味料

盐	少许

● 做法

1. 鸡肉洗净，放入沸水中汆烫去除血水，捞起以冷水洗净；秀珍菇洗净，备用。
2. 番茄、大白菜、洋葱洗净，切成块；冻豆腐切成块，备用。
3. 取一汤锅，放入2000毫升水以大火煮至沸腾，转小火加入鸡肉，煮约20分钟。
4. 将其余材料放入汤锅中，以小火继续煮30分钟，起锅前加入盐调味即可。

66 | 南洋椰子鸡

● 材料

椰肉	适量	南姜	3块
椰子水	150毫升	椰奶	100毫升
椰子	1个	香菜	少许
鸡肉	200克		
香茅	1根	● 调味料	
柠檬叶	2片	盐	1/2小匙
		鱼露	1小匙

● 做法

1. 椰子从1/4处横切开后，倒出椰子水备用，并将果肉挖取出来备用，椰子壳留下备用；鸡肉切块过水汆烫备用。
2. 除了香菜外，将所有的材料及调味料放入椰子壳中，并在开口处封上一层保鲜膜。
3. 将椰子壳放入蒸笼里，以大火蒸1小时后取出，最后放上香菜即可食用。

67 | 槟榔心凤爪汤

材料

槟榔心……………300克
凤爪………………150克
嫩姜…………………5克
高汤……………500毫升

调味料

盐…………………1大匙
砂糖………………1小匙
米酒………………1大匙

做法

1. 槟榔心洗净沥干后，切长片；凤爪去爪甲后，洗净沥干；嫩姜洗净沥干，切片备用。

2. 取汤锅，将高汤、槟榔心、凤爪、嫩姜片和所有调味料放入，煮至滚沸即可。

68 | 笋片凤爪汤

● 材料
麻笋…………300克
鸡爪…………150克
水发香菇………5朵
干红枣…………5颗
水…………800毫升

● 调味料
盐…………适量

● 做法
1. 鸡爪切除爪甲后，放入沸水中氽烫去杂质，捞起冲洗干净；干红枣洗净；麻笋煮熟去壳切滚刀块，备用。
2. 将做法1的材料、水放入汤锅中煮至沸腾，转小火继续熬煮至汤鲜味甜。
3. 熄火前加入盐调味即可。

69 | 香菇凤爪汤

● 材料
凤爪…………300克
花生…………100克
香菇…………30克
老姜片…………10克
青木瓜…………150克
水…………2000毫升

● 调味料
料酒…………1大匙
盐…………少许

● 做法
1. 凤爪切除爪甲，放入沸水中氽烫去血水后取出，以冷水洗净，备用。
2. 花生在水中浸泡约5小时；香菇洗净泡软、切成块，备用。
3. 青木瓜去皮、去籽，切块备用。
4. 取一汤锅，放入2000毫升水、凤爪、花生煮至沸腾。
5. 将其他材料放入汤锅中，转小火继续煮约1小时，起锅前加入所有调味料拌匀即可。

59

70 | 酸菜鸭汤

● 材料
鸭肉……………900克
酸菜……………300克
姜片……………30克
水………………3000毫升

● 调味料
盐………………1小匙
鸡精……………1/2小匙
米酒……………3大匙

● 做法
1. 鸭肉洗净切块，放入沸水中略余烫后，捞起冲水洗净，沥干备用。
2. 酸菜洗净切片备用。
3. 取锅，放入鸭肉、姜片和水，以大火煮至滚沸。
4. 改转小火煮约40分钟后，再加入做法2的酸菜片和调味料煮至入味即可。

Tips 好汤有技巧
酸菜鸭最好使用客家咸菜来烹煮，味道会比较甘醇而且不会那么咸。

71 烧鸭芥菜汤

● 材料

烧鸭骨架·················1个
芥菜·················150克
姜片·················20克
水·················1000毫升

● 调味料

盐·················1/2小匙
胡椒粉·············1/4小匙

● 做法

1. 将烧鸭骨架剁小块，放入沸水中汆烫，备用。
2. 芥菜洗净切段备用。
3. 取一汤锅倒入1000毫升水以大火烧开，放入姜片及烧鸭骨架、芥菜改小火煮10分钟，加入所有调味料拌匀即可。

 好汤有技巧

"火鸭"就是指明火烧烤的鸭子，所以一般所说的烤鸭、烧鸭等都是火鸭。如果是宴客时选用较好的部位会比较讨喜，自家享用时可选择骨架或是肉比较少的部位，例如鸭脖子来熬汤头。

72 | 苦瓜排骨汤

● 材料

排骨	600克
苦瓜	600克
小鱼干	适量
豆豉	适量
姜片	15克
水	2500毫升

● 调味料

盐	1小匙
冰糖	1小匙
米酒	1大匙

● 做法

1. 排骨洗净，放入沸水中略汆烫，捞出略冲水洗净，沥干备用。
2. 苦瓜洗净，去籽后切块备用。
3. 取锅，将排骨、苦瓜和姜片放入，加水，以大火煮至滚沸后，先改小火，再放入小鱼干和豆豉煮约50分钟后，加入调味料煮至入味即可。

Tips 好汤有技巧

炖煮汤时要先以大火煮至滚沸逼出浮沫杂质，再以接近炉心的小火慢慢熬煮，让食材炖透，鲜味留于汤头中。但切忌火力忽大忽小，这样会影响汤头的风味。

73 | 黄花菜排骨汤

猪胸汤

● 材料

排骨	600克
黄花菜	40克
姜片	20克
水	2000毫升
芹菜末	适量
胡椒粉	少许
香油	少许

● 调味料

盐	1小匙
鸡精	1/2小匙
冰糖	1小匙
米酒	1大匙

● 做法

1. 黄花菜以水浸泡后洗净，沥干水分；排骨洗净，放入沸水中略氽烫，捞出略冲水洗净，沥干备用。

2. 取锅，将排骨和姜片放入；加水，以大火煮至滚沸后，改转小火再煮40分钟。

3. 放入黄花菜和调味料煮至入味，食用前再加入芹菜末、胡椒粉和香油即可。

74 | 萝卜排骨汤

● 材料

排骨·················600克
白萝卜··············800克
水·················2500毫升
香菜···················适量
胡椒粉················少许

● 调味料

盐···················1/3大匙
冰糖·················1小匙
鸡精·················1小匙

● 做法

1. 排骨洗净，放入沸水中略氽烫，捞出略冲水洗净，沥干备用。
2. 白萝卜洗净，去皮切块备用。
3. 取锅，将排骨、水和白萝卜块放入，以大火煮至滚沸后，转小火煮约60分钟，加入调味料煮至入味。
4. 食用前再加入香菜和胡椒粉即可。

Tips 好汤有技巧·················

肉类在炖煮过程多少会有油水或杂质出来，品尝前，要先把会破坏汤头品质的东西清除，这样除了可以让汤头更清澈外，还不会吃到过多油脂，达到美味与健康兼顾的目的。

75 | 大黄瓜排骨汤

● 材料

大黄瓜··············100克
排骨···················200克
水·················500毫升

● 调味料

盐···················1小匙

● 做法

1. 将大黄瓜去皮及籽后，切块备用。
2. 排骨放入沸水中氽烫，去血水后捞起，备用。
3. 将大黄瓜、排骨和水放入锅内，以小火约煮30分钟，至排骨肉软化后加盐调味即可。

76 | 排骨玉米汤

● 材料

排骨	600克
玉米	3条
水	8～10杯

● 调味料

盐	1/3大匙
味精	1/3大匙
香油	适量

● 做法

1. 将排骨洗净，用热水汆烫去血水后捞起洗净沥干备用；玉米洗净切段备用。
2. 将所有材料及调味料一起放入锅内，加热煮沸后改中火煮5～8分钟，加盖后即可熄火，盛入保温焖烧锅中，焖2小时即可。

> **Tips 好汤有技巧**
>
> 一般来说排骨汤至少都要熬20～30分钟，这样肉质才会软，汤头才会够味。但是如果不想那么浪费燃气，可以在煮沸后再煮约5分钟，再倒入焖烧锅中焖2小时，也会有熬很久的效果。

77 | 山药炖排骨

● 材料

山药	200克
排骨	300克
胡萝卜	20克
姜	8克
鸡高汤	800毫升
（做法参考P16）	

● 调味料

中药卤包	1包
米酒	2大匙
盐	少许

● 做法

1. 山药去皮切块，洗净泡冷水备用。
2. 排骨切成小块，洗净放入沸水中汆烫2分钟，捞起沥干备用。
3. 胡萝卜、姜切片备用。
4. 取汤锅，依序加入山药、排骨、胡萝卜、姜、所有调味料和鸡高汤。
5. 盖上锅盖，用中火炖煮约25分钟即可。

78 | 脆笋排骨汤

● 材料

排骨............600克
脆笋............250克
姜片............15克
水............3000毫升

● 调味料

盐............1小匙
鸡精............1小匙
米酒............1大匙
胡椒粉............少许

● 做法

1. 脆笋用水泡1小时后，捞出放入沸水中略汆烫，捞起沥干备用。
2. 排骨洗净，放入沸水中略汆烫，捞出略冲水洗净，沥干备用。
3. 取锅，将排骨、脆笋和姜片放入，加入水，以大火煮至滚沸后，转小火再煮60分钟。
4. 加入所有调味料煮匀即可。

79 莲藕排骨汤

● 材料

梅花猪排骨⋯⋯⋯300克
（肩部排骨）
莲藕⋯⋯⋯⋯⋯⋯200克
姜片⋯⋯⋯⋯⋯⋯ 3片
水⋯⋯⋯⋯⋯⋯2000毫升

● 调味料

盐⋯⋯⋯⋯⋯⋯⋯1茶匙

● 做法

1. 将排骨放入沸水中氽烫，捞起洗净备用。
2. 莲藕去皮切滚刀块，备用。
3. 将排骨、莲藕放入汤锅中，加入水和姜片，以小火煮4小时，最后加盐调味即可。

Tips 好汤有技巧

　　莲藕的皮很薄，如果削皮的技术不好会削去很多的莲藕肉。可以用刀背来刮除莲藕皮，这样一来就可避免刮掉较多的莲藕肉。此外莲藕是很容易氧化的食材，如果不希望去皮之后的莲藕变黑，在削皮之后要立刻将其浸泡在加了白醋的水中，这样就可以延缓莲藕氧化变黑，让你煮出的莲藕汤清亮可口。

80 | 土豆排骨汤

●材料

土豆···············1个
排骨············200克
水············800毫升
姜丝·············20克
葱···············1根

●调味料

盐···············1小匙
香菇粉···········1小匙
米酒·············2小匙
香油·············1小匙

●做法

1. 土豆洗净切块；排骨汆烫后洗净沥干；葱洗净切成葱花，备用。
2. 将土豆块、盐、香菇粉、米酒、水、姜丝与排骨，一同入锅煮至沸腾。
3. 再以小火煮30分钟后，加入香油与葱花即可。

81 | 苹果海带排骨汤

●材料

排骨············300克
苹果··············1个
海带·············20克
姜丝·············10克
水···········2000毫升

●调味料

盐···············少许

●做法

1. 排骨洗净，放入沸水中汆烫去除血水，捞起以冷水洗净，备用。
2. 苹果去籽、切块；海带剪成条、以冷水浸泡，备用。
3. 取一汤锅，放入排骨、苹果块、海带条，与2000毫升水以小火煮约30分钟。
4. 将其余材料放入汤锅中，以小火继续煮约1小时，起锅前加入盐调味即可。

82 | 花生排骨汤

● 材料

花生罐头·············· 1罐
排骨·············· 300克
水·············· 5杯

● 调味料

盐·············· 适量

● 做法

1. 将排骨洗净，先用热水汆烫去除血水，再捞起，用清水洗净备用。
2. 取另一只锅，加水煮沸后，放入排骨一起煮至熟且微烂，需用中火煮约30分钟。
3. 倒入花生罐头（含汤汁）一起煮沸，再加入少许盐即可。

Tips 好汤有技巧

排骨也可改为鸡腿或其他肉类，或者放入电锅中炖，也非常方便。

83 | 番茄银耳排骨汤

● 材料

排骨·············· 300克
番茄·············· 2个
银耳·············· 50克
水·············· 2000毫升

● 调味料

盐·············· 少许
鸡精·············· 少许

● 做法

1. 排骨洗净，放入沸水中汆烫，去除血水，捞起以冷水洗净，备用。
2. 番茄洗净切块；银耳以冷水浸泡至软、去除硬头，备用。
3. 取一砂锅，放入排骨，加入2000毫升水以大火煮至沸腾，转小火继续煮约30分钟。
4. 将番茄块、银耳加入砂锅中，以小火继续煮约1小时，起锅前加入所有调味料拌匀即可。

84 | 南北杏青木瓜排骨汤

材料

青木瓜⋯⋯⋯⋯⋯1/2个
梅花猪排骨⋯⋯⋯500克
南北杏⋯⋯⋯⋯⋯2大匙
姜片⋯⋯⋯⋯⋯⋯15克
水⋯⋯⋯⋯⋯⋯1500毫升

调味料

盐⋯⋯⋯⋯⋯⋯1/3小匙

青木瓜洗净，去皮后切成5厘米见方的方块备用。

梅花猪排骨放入沸水中余烫至变色，捞出洗净切块备用。

将所有食材放入砂锅内，加入1500毫升水及南北杏，大火煮开后转小火继续煮2.5小时，再以盐调味即可。

85 | 椰子排骨汤

● 材料

猪小排	300克
新鲜椰汁	800毫升
椰肉	适量
水	1500毫升

● 调味料

盐	1小匙
鸡精	少许

● 做法

1. 猪小排洗净后，放入沸水中氽烫去除血水，再以清水洗净备用。
2. 取一锅，放入水煮至沸腾后，加入猪小排、椰肉，待汤再沸腾后转小火煮约40分钟。
3. 加入所有调味料及椰汁，待汤汁沸腾即可。

Tips 好汤有技巧
可买新鲜椰子取汤汁及椰肉炖煮，并可保留椰壳盛入煮好的汤汁。

86 | 黑豆排骨汤

● 材料

排骨	300克
黑豆	200克
洋葱	1个
蒜头	6颗
香叶	3片
胡萝卜	10克
水	1800毫升

● 调味料

盐	少许

● 做法

1. 排骨洗净，放入沸水中氽烫去血水；黑豆洗净以冷水浸泡约5小时，备用。
2. 洋葱、胡萝卜洗净，切成块备用。
3. 取汤锅，放入1800毫升水，以大火煮沸后，放入排骨转小火继续煮约30分钟。
4. 将其余材料加入汤锅中，以小火继续煮约1小时，起锅前加盐调味即可。

87 | 排骨酥汤

● 材料

排骨350克、白萝卜块300克、葱段适量、蒜头适量、香菜适量、地瓜粉适量、高汤1600毫升

● 腌料

酱油1小匙、盐少许、糖少许、米酒1大匙、胡椒粉1/4小匙、五香粉少许、鸡蛋1/3个

● 调味料

盐1/2小匙、鸡精1/2小匙、冰糖少许

● 做法

1. 将排骨和腌料放入大碗中混合拌匀，腌约60分钟至入味后，均匀沾裹上地瓜粉。
2. 取锅，加入半锅油烧热至油温约170℃，放入腌排骨、葱段和蒜头炸至排骨浮起至油面，即捞起沥油备用。
3. 将高汤和调味料放入锅中煮至滚沸备用。
4. 取容器放入适量的白萝卜块、炸好的排骨、葱段和蒜头，加入做法3的高汤至八分满，放入电锅中，外锅加入2杯水，煮至开关跳起，再焖10分钟后倒入碗中，食用前加入香菜即可。

88 草菇排骨汤

● 材料

排骨300克、罐头草菇300克、香菜适量、高汤1200毫升

● 腌料

酱油1/2小匙、盐少许、糖少许、胡椒粉1/4小匙、乌醋少许、米酒1大匙、鸡蛋1/2颗

● 调味料

盐1/2小匙、鸡精1/4小匙

● 做法

1. 将排骨洗净，和腌料放入大碗中混合拌匀，腌约30分钟至入味后，加入地瓜粉（分量外）拌匀。
2. 取锅，加入半锅油烧热至油温约170℃，放入腌排骨炸至排骨浮起至油面，即捞起沥油备用。
3. 罐头草菇放入沸水中略汆烫，捞出备用。
4. 取锅，加入高汤煮沸，再加入调味料、草菇和炸好的排骨酥至锅中煮至滚沸后，加入香菜即可。

89 | 猪脚汤

● 材料

猪脚	1500克
姜片	30克
葱段	30克
胡椒粒	10克
水	4500毫升

● 调味料

米酒	200毫升
盐	1/2大匙
鸡精	1小匙
冰糖	1小匙

● 做法

1. 猪脚洗净放入沸水中汆烫，捞出冲洗沥干备用。
2. 取锅，放入猪脚、姜片、葱段、胡椒粒、水和调味料中的150毫升米酒，以大火煮沸。
3. 转小火煮约90分钟，加入所有调味料，再煮约15分钟后焖一下，捞出备用。
4. 食用前切小块盛入碗中，加入适量做法3的汤汁，放上姜丝（分量外）即可。

Tips 好汤有技巧

通常会选用前腿来卤煮猪脚，因前腿肉质较多。而猪皮拥有美颜养容的丰富胶质，想要香Q且不油不腻的口感，就要巧妙地除去多余油脂，方法是将猪脚先放入沸水中汆烫，再放入冰水中冰镇洗净，之后以小火慢慢熬煮。

90 | 薏米猪脚汤

● 材料

猪脚	300克
薏米	150克
莲子	20克
山药	30克
姜	10克
鸡高汤	700毫升

（做法参考P16）

● 调味料

米酒	2大匙
香油	少许
盐	少许

● 做法

1. 猪脚洗净，去除脚毛，剁成小块，放入沸水中汆烫5分钟，捞起沥干备用。
2. 薏米、莲子洗净，以冷水浸泡约20分钟备用。
3. 山药洗净去皮，切滚刀块；姜洗净切片备用。
4. 取一汤锅，依序加入猪脚、鸡高汤、薏米、莲子和山药块、姜片，再加入所有调味料。
5. 盖上锅盖，以中小火炖煮约45分钟即可。

91 | 通草猪脚花生汤

● 材料

通草1克、黄芪10克、当归1片、红花1小匙、猪脚300克、花生30克、酒30毫升、姜片3片、水2000毫升、罗勒1片

● 做法

1. 取碗，将花生放至1%浓度的盐水中泡至软，备用。
2. 所有材料洗净；取棉袋，将黄芪及当归包起备用。
3. 猪脚洗净后放入沸水中汆烫，去除血水再捞起用冷水冲洗干净。
4. 取汤锅，加入水、姜片、猪脚、花生、药包袋及通草，一起煮至滚沸即转小火，待其慢炖至猪脚、花生完全熟透酥烂且通草变透明状。
5. 锅中加入红花及酒，搅拌至煮开后盛碗。
6. 碗中加入罗勒作装饰，再依个人喜好加入盐调味即可。

92 | 腌笃鲜

● 材料

家乡肉·············300克
五花肉·············300克
鲜笋·················2支
葱段················10克
姜片·················2片
百叶结·············100克
上海青··············3棵
水·············2500毫升

● 调味料

米酒···············1大匙

● 做法

1. 家乡肉、五花肉切块；
   鲜笋切滚刀块；上海
   青洗净切小段，备用。

2. 取锅，加水（分量
   外）煮沸，放入五花
   肉块及葱段、姜片、
   米酒再次煮沸后，以
   小火煮10分钟捞起
   洗净。

3. 取一砂锅，加水煮
   沸，放入家乡肉块、
   笋块及五花肉块，以
   小火煮约80分钟，至
   汤成奶白色。

4. 放入百叶结继续煮20
   分钟，上桌前加入上
   海青段即可。

Tips 好汤有技巧

这道汤完全不用另外调
味，味道完全来自腌肉的咸
味及鲜笋的甜味。腌肉可以
使用家乡肉或金华火腿，家
乡肉是初腌的腿肉，味道没
那么咸，金华火腿则腌制较
久，味道较重。

93 | 榨菜肉丝汤

● 材料

猪瘦肉丝…………80克
榨菜丝……………60克
姜丝………………10克
上海青……………1棵
淀粉………………1小匙
水……………800毫升

● 调味料

盐……………1/4小匙
胡椒粉…………1/4小匙
香油……………1/2小匙
绍兴酒……………1小匙

● 做法

1. 猪瘦肉丝洗净，沥干水分后加入淀粉抓匀备用。
2. 榨菜丝以清水略冲洗以去咸味；上海青洗净切丝备用。
3. 取一汤锅，倒入800毫升水以大火烧开，加入姜丝及榨菜丝继续煮约3分钟，转小火放入猪瘦肉丝，用筷子搅散，最后加入所有调味料与上海青丝继续煮约1分钟即可。

94 | 木须肉丝汤

● 材料

猪肉丝……………60克
木耳丝……………50克
胡萝卜丝…………10克
姜丝………………10克
葱花………………少许
水……………500毫升

● 调味料

A
盐…………………少许
糖…………………少许
胡椒粉……………少许
B
香油………………少许

● 腌料

淀粉………………少许
米酒………………少许

● 做法

1. 将猪肉丝加入腌料腌5分钟。
2. 取锅加水烧热，水开后加入腌好的猪肉丝、木耳丝、胡萝卜丝与姜丝，煮至肉色变白，放入调味料A，最后撒入葱花，淋上香油即可。

95 | 莲子瘦肉汤

● 材料

莲子·················80克
猪腱·················250克
姜片·················20克
水·················700毫升

● 调味料

盐·················1小匙

● 做法

1. 莲子以热水泡软，沥干去心备用。
2. 猪腱切大块，放入沸水中氽烫后捞出备用。
3. 将莲子、猪腱、姜片、水和调味料，放入电子锅内锅，按下"煮粥"键，煮至开关跳起，捞出姜片即可。

96 | 冬瓜薏米瘦肉汤

● 材料

冬瓜300克、瘦肉片200克、薏米100克、姜片10克、水2000毫升

● 调味料

盐1小匙

● 做法

1. 冬瓜去籽、切成厚片；瘦肉片放入沸水中氽烫至表面变白，备用。
2. 薏米洗净，以冷水浸泡约3小时后取出沥干，备用。
3. 取一汤锅，放入薏米，与2000毫升水，以小火煮约30分钟。
4. 将剩余材料放入锅中，以小火煮约30分钟，起锅前加入盐调味即可。

Tips 好汤有技巧

冬瓜利尿消肿、清热解毒，加上薏米，两者结合不但口感清爽，还可以达到瘦身美容的效果哦！

97 | 菱角瘦肉汤

● 材料

猪腱⋯⋯⋯⋯⋯300克
菱角肉⋯⋯⋯⋯⋯150克
姜片⋯⋯⋯⋯⋯⋯ 3片
水⋯⋯⋯⋯⋯⋯1000毫升

● 调味料

盐⋯⋯⋯⋯⋯⋯⋯1小匙

● 做法

1. 猪腱放入沸水中氽烫，捞起洗净备用。
2. 菱角肉洗净，放入沸水中氽烫，捞起备用。
3. 将猪腱和菱角肉放入汤锅中，加入姜片和水，
   以小火煮4小时，再加盐调味即可。

98 | 枸杞瘦肉汤

材料
瘦肉····················200克
枸杞子················10克
圆白菜················200克
胡萝卜················20克
鲜香菇洗净·········6朵
水····················1500毫升

调味料
盐·······················少许
鸡精·····················少许

做法
1. 瘦肉洗净、切片后入沸水中汆烫去除血水，捞起以冷水洗净，备用。
2. 圆白菜切大块、洗净；胡萝卜去皮、洗净、切成块，备用。
3. 取一砂锅，放入1500毫升水，以大火煮至沸腾后，放入所有材料，转小火继续煮约30分钟。
4. 起锅前加入所有调味料拌匀即可。

99 | 黄花菜赤肉汤

● 材料

猪前腿瘦肉片……100克
黄花菜……………… 10克
姜丝……………… 10克
红枣……………… 少许
淀粉……………… 1/2小匙
水……………… 600毫升

● 调味料

盐……………… 1/2小匙

● 做法

1. 黄花菜在水中浸泡至软化后洗净打结；红枣洗净备用。
2. 瘦肉片洗净，沥干水分后加入淀粉抓匀，再放入沸水中氽烫至变色，捞出沥干水分备用。
3. 取一汤锅，加入600毫升水，放入姜丝，以中小火煮开并继续煮2分钟，加入黄花菜、红枣、瘦肉片转小火继续煮3分钟，最后加入盐煮至再次沸腾即可。

100 | 咸蛋芥菜肉片汤

● 材料

芥菜……………… 150克
猪肉片……………… 50克
生咸蛋……………… 2个
淀粉……………… 1/2小匙
鲜香菇……………… 1朵
姜片……………… 适量
水……………… 600毫升

● 调味料

盐……………… 1/4小匙
胡椒粉……………… 1/4小匙
香油……………… 少许

● 做法

1. 芥菜洗净，切成5厘米长的段；鲜香菇洗净，去蒂后切片备用。
2. 猪肉片洗净，沥干水分后加入淀粉抓匀，放入适量沸水中氽烫至变色，捞出沥干水分备用。
3. 咸蛋黄切块，拍成薄片，咸蛋清留下备用。
4. 取一汤锅，加入600毫升水，以中大火烧开，加入姜片及做法1材料煮至沸腾并继续煮约10分钟，放入咸蛋黄改小火煮2分钟，以盐调味后放入猪肉片，待再次沸腾后淋上一半量的咸蛋清即可。

101 | 福菜五花肉片汤

● 材料

福菜·····················75克
五花肉片············150克
姜丝·····················15克
高汤···············900毫升

● 调味料

盐··················1/2小匙
鸡精···············1/2小匙
米酒·················1小匙
香油·················少许

● 做法

1. 福菜洗净切丝；五花肉片放入沸水中氽烫一下，捞出备用。
2. 锅中倒入高汤和福菜丝煮沸，再放入五花肉片和姜丝继续煮，再度煮沸后转小火煮10分钟，最后放入所有调味料拌匀即可。

Tips 好汤有技巧

客家福菜是酸菜的再制品，是将酸菜制成后再度晒干而成。因为盐放较多，味道不会变酸，再放进罐中压紧，去除空气后便不容易变坏。

102 芹菜黄花肉片汤

● 材料

瘦肉	150克
鱼皮	100克
干黄花菜	20克
胡萝卜	30克
黑木耳	20克
芹菜	50克
姜片	5克
水	1300毫升

● 调味料

盐	少许
米酒	1/2大匙
香油	1小匙

● 做法

1. 瘦肉切片、鱼皮切段,放入沸水中汆烫至表面变白,备用。
2. 干黄花菜洗净、打结;胡萝卜洗净、切片;黑木耳泡软、切片;芹菜洗净、切成块,备用。
3. 取一汤锅,放入1300毫升水,以大火煮沸后加入瘦肉与黄花菜、黑木耳,转小火继续煮约30分钟。
4. 将鱼皮段与胡萝卜片、芹菜块、姜片放入汤锅中,以小火煮20分钟后,加入所有调味料拌匀即可。

103 | 黄瓜肉片汤

● 材料

黄瓜⋯⋯⋯⋯120克
瘦猪肉⋯⋯⋯⋯50克
胡萝卜片⋯⋯⋯少许
虾米⋯⋯⋯⋯1小匙
淀粉⋯⋯⋯⋯1/2小匙
水⋯⋯⋯⋯800毫升

● 调味料

盐⋯⋯⋯⋯1/2小匙

● 做法

1. 将黄瓜洗净，去皮后切成厚约0.5厘米的三角形片，备用。
2. 瘦猪肉洗净，沥干水分，切片放入碗中，加入淀粉抓匀，再放入适量沸水中氽烫至变色后捞出，沥干水分备用。
3. 取一汤锅，加入800毫升水，以中大火烧开，放入虾米改中小火继续煮约3分钟，捞出虾米（可不捞出），再放入黄瓜片和胡萝卜片以小火煮3分钟，最后放入盐及肉片至再次煮沸即可。

104 | 剑笋梅干菜肉片汤

● 材料

剑笋⋯⋯⋯⋯100克
梅干菜⋯⋯⋯⋯50克
瘦肉⋯⋯⋯⋯50克
嫩姜⋯⋯⋯⋯20克
高汤⋯⋯⋯⋯400毫升

● 调味料

盐⋯⋯⋯⋯1/2小匙
砂糖⋯⋯⋯⋯1大匙
米酒⋯⋯⋯⋯1大匙

● 做法

1. 剑笋洗净后沥干；梅干菜洗净沥干后，切小片；嫩姜洗净沥干后，切片；瘦肉切薄片备用。
2. 取汤锅，将高汤、剑笋、梅干菜、嫩姜片和所有调味料放入，煮15~20分钟后，再于起锅前放入瘦肉片煮熟即可。

105 | 蛋包瓜仔肉汤

● 材料

瘦肉	300克
鱼浆	200克
高汤	1600毫升
罐头酱瓜	250克
鸭蛋	4个

● 腌料

酱油	1小匙
糖	少许
盐	少许
米酒	1/2大匙
胡椒粉	少许

● 调味料

盐	1/2 小匙
冰糖	1/2小匙
鸡精	1/2小匙

● 做法

1. 瘦肉洗净切条，加入全部的腌料混合拌匀，腌30分钟，再加入少许淀粉（材料外）拌匀，最后加入鱼浆拌匀至有黏性。
2. 取锅，加入高汤、酱瓜汤和酱瓜，以大火煮沸，放入做法1的材料煮熟，加入调味料拌匀，盛入碗中。
3. 取锅，加入半锅水煮滚，改转小火，打入鸭蛋，煮成约七至八分熟的蛋包，捞出备用。
4. 食用前将蛋包，放入盛有汤的碗中即可。

106 | 荔枝肉块汤

● 材料

荔枝	10颗
五花肉	200克
胡萝卜	20克
竹笋	1/2支
小葱	1根
高汤	700毫升

● 调味料

白胡椒粉	少许
米酒	2大匙
香油	少许
酱油	1小匙
盐	少许

● 做法

1. 五花肉切成长条，放入沸水中汆烫，捞起沥干备用。
2. 胡萝卜、竹笋洗净切滚刀块；小葱洗净切段；荔枝果肉去核备用。
3. 取一个汤碗，加入五花肉块和做法2的全部材料，再加入所有调味料。
4. 汤碗中倒入高汤，放入电锅中，外锅加1杯半水，蒸煮约20分钟即可。

107 | 瓜丁汤

● 材料

去皮冬瓜	120克
瘦猪肉	80克
干香菇	4朵
豌豆	1大匙
淀粉	1/2小匙
水	800毫升

● 调味料

盐	1/2茶匙

● 做法

1. 去皮冬瓜洗净，切成1.5厘米见方的丁；香菇洗净后泡软，切相同大小的方丁备用。
2. 瘦猪肉洗净，沥干水分后切丁，以淀粉抓匀，放入沸水中汆烫备用。
3. 取一汤锅，倒入800毫升水，以大火烧开，加入豌豆、冬瓜丁及香菇丁与猪肉丁，转小火继续煮20分钟后以盐调味即可。

108 秀珍菇肉末蛋花汤

● 材料

秀珍菇·················50克
瘦猪肉泥··············30克
鸡蛋····················1个
葱末···················少许
水·················800毫升

● 调味料

盐··················1/2小匙
胡椒粉·············1/2小匙
香油···················少许

● 做法

1. 秀珍菇洗净，沥干水分备用。
2. 鸡蛋打入碗中搅散成蛋汁备用。
3. 取一汤锅，倒入800毫升水，以大火烧开，改小火放入瘦猪肉泥，用汤匙搅散肉末，待再次煮沸后捞出浮沫。
4. 放入秀珍菇并以盐调味，继续煮约5分钟，趁小沸时慢慢淋入蛋液，边搅边煮至蛋花均匀，熄火加入葱末、胡椒粉及香油拌匀即可。

109 苏格兰羊肉汤

● 材料

羊腩·················300克
洋葱·················150克
西蓝花茎············100克
燕麦片················50克
牛骨高汤······3000毫升
（做法参考P17）
胡萝卜················50克

● 调味料

胡椒粒···············10克
白酒················30毫升
盐················1.5茶匙

● 做法

1. 将羊腩洗净，切成约4厘米见方的块。
2. 洋葱和胡萝卜洗净，去皮后切成大片；西蓝花茎洗净，去皮切粒，备用。
3. 将做法1、做法2的材料及牛骨高汤、胡椒粒、白酒放入汤锅中，以小火炖煮约1小时，加入盐调味，再加入燕麦片继续煮约10分钟即可。

110 姜丝羊肉片汤

● 材料

羊大骨	900克		米酒	1大匙
水	3200毫升		盐	1/4小匙
姜片	25克		鸡精	少许
桂皮	10克			
香叶	3片			
羊肉	160克			
姜丝	15克			

● 调味料

● 做法

1. 羊大骨洗净，放入沸水中汆烫后，捞起冲水洗净沥干备用。
2. 取锅，加入水、姜片、桂皮、香叶、米酒和羊大骨煮至沸腾，转小火煮80分钟后，沥出羊高汤备用。
3. 羊肉洗净，切片备用。
4. 取锅，加入600毫升羊高汤煮沸，再放入羊肉片和姜丝煮至肉片变色。
5. 加入调味料煮匀，盛入碗中，放上姜丝即可。

111 | 四神汤

● 材料

A
大骨……………600克
猪小肠…………900克
水……………5000毫升
B
当归……………10克
川芎……………6克
山药……………30克
茯苓……………30克
莲子……………40克
芡实……………80克
薏米……………150克

● 调味料

米酒…………200毫升
盐……………1/2大匙
鸡精…………1小匙
冰糖…………1/2小匙

● 做法

1. 大骨洗净，放入锅中，加入适量的姜片、葱段和米酒（分量外）汆烫后，捞出冲水洗净备用。

2. 猪小肠洗净，放入沸水中汆烫，捞出冲冷水备用。

3. 材料B洗净，沥干备用。

4. 取锅，放入大骨、猪小肠、药材、水和米酒，以大火煮沸。

5. 转小火煮90分钟，加入调味料拌匀。

6. 食用前将猪小肠剪成小段，盛入碗中即可。

112 | 猪肚汤

● 材料

猪肚·····················1个
姜片·····················适量
葱段·····················适量
高汤················700毫升
酸菜·····················适量
姜丝·····················适量
葱段·····················适量

● 调味料

盐·····················1/4小匙
鸡精·····················少许
米酒·····················少许

● 做法

1. 猪肚洗净后，翻面加盐清洗一次，再加入适量面粉和花生油(皆分量外)搓洗干净，放入沸水中余烫约10分钟后，捞起冲水洗净。
2. 猪肚放入锅中，加入姜片、葱段、米酒和可淹盖过猪肚的水量，放入电锅中，外锅加2杯水煮至开关跳起后，将猪肚翻面，并于外锅加入2杯水，煮至开关跳起，取出放凉切片即可。
3. 酸菜洗净切丝备用。
4. 取锅，加入高汤煮至沸腾，放入猪肚片、酸菜丝、姜丝和葱段煮至再次沸腾，加入调味料煮匀即可。

113 | 萝卜猪肚汤

● 材料

猪肚片················150克
胡萝卜块·············80克
白萝卜块·············280克
黑木耳片·············30克
姜片·····················10克
香菜·····················少许
水···················750毫升

● 调味料

罐头高汤·········250毫升
盐·····················1/2小匙
鸡精·················1/2小匙
冰糖·····················少许

● 做法

1. 取一汤锅，加入水及高汤，煮沸后放入猪肚片与白萝卜块煮约15分钟。
2. 锅中放入胡萝卜块、黑木耳片、姜片，煮至再度滚沸后，转小火盖上锅盖，继续煮约15分钟。
3. 锅中加入盐、鸡精、冰糖拌匀，起锅前加入香菜即可。

注：猪肚清洗方式请参考P90猪肚汤。

114 | 珍珠鲍猪肚汤

● 材料

罐头珍珠鲍	1罐
猪肚	1个
绿竹笋	1支
香菇	6朵
姜片	6片
水	1600毫升

● 调味料

盐	1小匙
料酒	1小匙

● 洗猪肚材料

盐	适量
面粉	适量
白醋	适量

● 做法

1. 猪肚表面用盐搓洗后，翻过来再用面粉、白醋搓洗后洗净，放入沸水中煮约5分钟，捞出浸泡在冷水中至凉，切除多余的脂肪，再切片备用。
2. 绿竹笋切片；香菇切半，备用。
3. 取一锅，放入珍珠鲍、猪肚、绿竹笋、香菇、姜片、料酒及水，放入蒸锅中蒸约90分钟，再加盐调味即可。

115 | 笋干猪肠汤

● 材料

市售笋干猪肠结	200克
排骨	200克
姜片	5片

● 调味料

水	800毫升
鸡精	2克
盐	3克

● 做法

1. 排骨放入沸水中汆烫去除血水后，捞起冲洗干净；笋干猪肠结放入沸水中汆烫去除杂质后捞起，备用。
2. 将排骨、水、及姜片放入锅中煮至沸腾，再转小火煮约20分钟。
3. 加入所有调味料、笋干猪肠结转大火煮至沸腾，再转小火煮约20分钟即可。

116 | 腰子汤

● 材料

腰子……………350克
香油……………1大匙
姜丝……………适量
高汤……………700毫升
枸杞子……………适量

● 调味料

米酒……………50毫升
盐……………1/4小匙
鸡精……………少许

● 做法

1. 腰子洗净，切花刀再分切成小片，放入沸水中汆烫后，捞出冲水沥干备用。
2. 取锅，加入香油，放入姜丝和腰子略拌炒后，加入米酒拌炒一下。
3. 倒入高汤、枸杞子煮至滚沸，再加入其余的调味料煮匀即可。

117 | 下水汤

● 材料

下水	2付		
姜丝	适量		
水	600毫升		

● 调味料

盐	1/4小匙
鸡精	少许
米酒	1大匙
香油	少许

● 做法

1. 下水洗净，切片备用。
2. 取锅加入水煮至滚沸，放入下水煮熟，再加入所有调味料煮匀，最后盛入碗中放上姜丝即可。

Tips 好汤有技巧

　　夜市中常见的下水汤，大多是用多样的鸡内脏烹煮而成，先放入沸水中烹煮适当时间，再加入调味料和姜丝起锅即可。

118 | 猪肝汤

● 材料

猪肝	300克
姜丝	适量
葱花	适量
水	800毫升

● 调味料

盐	1/2小匙
鸡精	1/4小匙
米酒	1大匙
香油	少许

● 做法

1. 猪肝洗净，切片备用。
2. 取锅加入水煮至滚沸，放入猪肝煮至外观变色，再加入所有调味料煮匀，最后盛入碗中放上姜丝和葱花即可。

Tips 好汤有技巧

　　猪肝很容易煮熟，而且煮太久口感会变差，所以水煮沸后，放入猪肝煮至外观略变色即可，不要再继续久煮，以免破坏口感。

119 | 菠菜猪肝汤

● 材料
猪肝·················200克
菠菜·················150克
姜丝···················15克
水·················500毫升
淀粉··················2小匙

● 调味料
盐·················1/2小匙
米酒···················1小匙
白胡椒粉············1/4小匙

● 做法

1. 猪肝切成1厘米见方的片，用水冲5分钟后沥干，加入淀粉抓匀，备用。
2. 菠菜洗净，摘小段备用。
3. 取汤锅倒入水，煮沸后放入姜丝和所有调味料，再放入猪肝片。
4. 煮沸后加入菠菜段，待再度沸腾后熄火即可。

Tips 好汤有技巧

猪肝汤要分辨好坏，就要看猪肝煮得嫩不嫩；猪肝先用水冲5分钟去血水，再抓一些淀粉，这样吃起来就会又嫩又没腥味。

120 | 番茄猪肝汤

● 材料
猪肝·················100克
番茄····················1个
姜丝···················20克
水·················600毫升
淀粉··················1小匙

● 调味料
盐·················1/2小匙
白胡椒粉············1/4小匙

● 做法

1. 番茄洗净切块备用。
2. 猪肝切片，用水冲约3分钟，沥干水分，加入淀粉和少许盐（分量外）抓匀，备用。
3. 水倒入汤锅中煮沸，加入猪肝片以小火煮约1分钟。
4. 锅中加入番茄块、姜丝和所有调味料煮至再次沸腾即可。

121 莲子猪心汤

● 材料

瘦肉·············150克
猪心·············1个
桂圆·············10克
红枣·············5颗
莲子·············15克
姜片·············5克
陈皮·············1克
水·············1500毫升

● 调味料

盐·············少许
米酒·············1大匙

● 做法

1. 瘦肉、猪心放入沸水中汆烫去血水后，捞起以冷水冲洗干净、切片，备用。
2. 取一汤锅，放入1500毫升水，以大火煮沸后，放入瘦肉片、猪心片，转小火煮约半小时后取出，备用。
3. 将其余材料加入汤锅中，以小火再煮约30分钟。
4. 将猪心片与瘦肉片放入汤锅中，待煮沸后，加入所有调味料拌匀即可。

Tips 好汤有技巧

此汤养心养神、补血养血的猪心，加上营养滋补、消除疲劳的桂圆，与有安神作用的莲子搭配，可补血养颜且润肤！

122 | 猪血汤

● 材料

大骨·················600克
大肠·················800克
猪血·················900克
水·············6500毫升
酸菜末···············适量
韭菜段···············适量

● 调味料

A
盐·····················1大匙
鸡精················1/2大匙
冰糖················1/2大匙
B
胡椒粉···············适量
沙茶酱···············适量
油葱酥···············适量

● 做法

1. 大骨和大肠洗净，放入
   加了姜片、葱段和米酒
   （分量外）的沸水中汆
   烫后，捞出冲水洗净，
   沥干备用。
2. 猪血用水略冲，切小块
   泡入水中备用。
3. 取锅，放入大骨、大肠
   和水，以大火煮沸。
4. 转小火煮约60分钟，
   加入猪血和调味料A煮
   至入味且大肠变软后，
   将大肠先取出切小段，
   再放回锅中。
5. 食用前，将做法4的材
   料盛入碗中，再加入酸
   菜末、韭菜段、胡椒
   粉、沙茶酱和油葱酥
   即可。

● 材料

鲈鱼·······················1条
姜丝·····················30克
葱段···················· 10克
水·····················600毫升

● 调味料

盐·····················1小匙
白胡椒粉········1/2小匙
米酒·····················1大匙

● 做法

1. 将鲈鱼洗净切块，放入沸水中汆烫备用。
2. 取汤锅，倒入水煮沸，加入鱼块和米酒煮15分钟。
3. 加入姜丝、葱段和所有调味料煮匀即可。

Tips 好汤有技巧

市场买回来的鲜鱼最好还是自己把鱼鳞再刮一遍，免得影响口感；带骨的鲜鱼拿来煮汤时，要切成大块，这样吃起来口感更佳。

124 上海水煮鱼汤

● 材料
鲷鱼·················1片
小黄瓜·················1条
大白菜·················50克
姜·················10克
小葱·················1根
辣椒·················2个
香菜·················3棵
蒜头·················5颗
高汤·················600毫升

● 调味料
花椒·················1大匙
白胡椒粉·················少许
辣椒油·················2大匙
米酒·················2大匙
盐·················少许

● 做法
1. 鲷鱼洗净切成大片备用。
2. 小黄瓜、大白菜、姜都洗净切丝；小葱洗净切段；香菜洗净切碎；蒜头切片备用。
3. 起一油锅，加入花椒，先以小火爆香，再加入其余的调味料，以中火煮开，继续加入鲷鱼片、做法2的全部材料和高汤。
4. 盖上锅盖，煮约10分钟即可。

125 | 生滚鱼片汤

● 材料

草鱼段·············200克
生菜··············50克
鲜香菇·············3朵
胡萝卜片············少许
姜丝··············15克
水···············800毫升

● 调味料

盐···············1/2小匙
胡椒粉·············少许
香油··············少许

● 做法

1. 将草鱼段取肉切薄片，以冷开水洗净后沥干水分备用。
2. 生菜剥下叶片，撕成小片，以冷开水洗净，放入大汤碗中，上层铺上草鱼片备用。
3. 鲜香菇洗净切小片备用。
4. 取一汤锅，倒入800毫升水，以大火烧开，放入胡萝卜片、姜丝、鲜香菇与盐，待汤汁大滚后冲入做法2的大汤碗内，撒上胡椒粉并淋上香油即可。

126 | 生菜鱼生汤

● 材料

草鱼肉·············200克
生菜··············100克
油条··············1/2根
鸡高汤············400毫升
（做法参考P16）
葱···············1根
熟芝麻·············少许

● 调味料

盐···············1/2小匙
鸡精··············1/4小匙
胡椒粉·············1/8小匙
香油··············1/4小匙

● 做法

1. 生菜洗净、切粗丝置于汤碗中，油条切小片铺至生菜上，鱼肉洗净、擦干、切薄片排在最上层，葱洗净、切细，与芝麻一起撒在鱼上。
2. 将鸡高汤煮沸后加入所有调味料调匀，冲入做法1的汤碗中即可用。

注：鸡汤一定要趁沸腾时淋入碗中。

127 鲜汤泡鱼生

做法

生菜切片、汆烫后沥干，铺入大碗中，再将海鲥鱼切薄片排在生菜上备用。

起一炒锅，爆香花椒粒、八角，再加入所有调味料，以大火煮至沸腾后过滤，倒入做法1的大碗中，并撒上葱花、姜丝即可。

材料

海鲥鱼	300克
生菜	200克
花椒粒	1小匙
八角	1颗
葱花	适量
姜丝	适量

调味料

盐	1/2小匙
味精	1小匙
米酒	1大匙
鱼高汤	1000毫升
（做法参考P17）	

Tips 好汤有技巧

这道鲜汤泡鱼生，是在薄如纸片的生鱼片上，注入滚汤而成，因此除海鲥鱼外，用能做成生鱼片的鲷鱼切薄片也很适合。

128 | 香菜皮蛋鱼片汤

● 材料

草鱼段	150克
皮蛋	2个
香菜	50克
姜片	10克
水	800毫升

● 腌料

盐	1/4小匙
淀粉	1小匙
胡椒粉	少许

● 调味料

盐	1/2小匙

● 做法

1. 将草鱼段洗净，取肉切片，放入碗中加入腌料拌匀备用。
2. 皮蛋去壳，切成6等份；香菜洗净，去除根部，切成3厘米长的段备用。
3. 取一汤锅，倒入800毫升水，以大火烧开，加入草鱼片、姜片。
4. 继续煮至滚开后加入所有调味料及皮蛋、香菜拌匀即可。

129 | 山药鱼块汤

● 材料

红条鱼切段	600克
山药块	350克
胡萝卜片	40克
姜片	30克
葱段	60克

● 调味料

A	
盐	1小匙
味精	2小匙
米酒	1大匙
水	2000毫升
B	
香油	1大匙

● 做法

1. 红条鱼段放入沸水中氽烫，捞出后洗净备用。
2. 将红条鱼与所有材料一同放入大碗中备用。
3. 把调味料A煮至沸腾，倒入大碗内，盖上保鲜膜后放入蒸笼中，以大火蒸约25分钟取出，打开保鲜膜淋上香油即可。

注：红条鱼肉质扎实细致，带着Q劲而不松散，与新鲜山药一起烹煮，两者营养价值皆高。

130 | 金针笋豆腐鱼片汤

● 材料

金针笋·············150克
嫩豆腐·············100克
鱼片·············100克
胡萝卜·············30克
黑木耳·············30克
姜·············20克
高汤·············700毫升
水·············1000毫升
香菜·············少许

● 调味料

A
盐·············1小匙
鸡精·············1/2小匙
米酒·············1/2大匙
B
胡椒粉·············少许
香油·············少许

● 做法

1. 金针笋洗净切段；嫩豆腐切块；胡萝卜、姜洗净切片；黑木耳洗净切片备用。

2. 取一汤锅，倒入水煮沸后，放入鱼片汆烫30秒，捞出备用。

3. 热锅，倒入1大匙色拉油烧热，放入姜片爆香后，倒入高汤、豆腐块、胡萝卜片、黑木耳片煮至滚沸。

4. 锅中继续放入金针笋段及调味料A煮约1分钟后，再放入鱼片煮熟，最后加入胡椒粉、香油即可。

131 | 鲈鱼雪菜汤

● 材料
金目鲈鱼1/2条、雪菜
200克、姜丝10克、水
1000毫升

● 调味料
盐1/2小匙、料酒3大匙

● 做法

1. 将金目鲈鱼洗净，切成厚段，以厨房纸巾吸干水分备用。
2. 雪菜洗净切小段备用。
3. 热锅倒入3大匙色拉油，加入金目鲈鱼段以小火煎至两面略黄，加入姜丝、料酒及1000毫升水，以大火煮沸，盖上锅盖改中小火继续煮10分钟，最后加入雪菜煮约3分钟即可。

Tips 好汤有技巧

　　雪菜带有很重的咸味，下锅煮之前一定要以清水洗掉多余的咸味。清洗的时候将叶片在水中漂洗一下，能将叶面细缝处所沾的杂质等充分洗净。腌渍菜具有天然的鲜味与咸味，加上烹调时间短，是既美味又省时的煮汤材料。

132 | 苦瓜鲜鱼汤

● 材料
红目鲢⋯⋯⋯⋯⋯300克
苦瓜⋯⋯⋯⋯⋯⋯350克
小鱼干⋯⋯⋯⋯⋯ 10克
豆豉⋯⋯⋯⋯⋯⋯ 8克
姜片⋯⋯⋯⋯⋯⋯ 20克
蛤蜊⋯⋯⋯⋯⋯⋯150克

● 调味料
水⋯⋯⋯⋯⋯⋯1500毫升
味精⋯⋯⋯⋯⋯1/2小匙
米酒⋯⋯⋯⋯⋯⋯60毫升
酱冬瓜⋯⋯⋯⋯⋯50克

● 做法

1. 红目鲢去皮、去头后放入沸水中，氽烫后捞出洗净备用；苦瓜去籽，切块备用。
2. 将处理好的红目鲢与苦瓜放入锅内，加入小鱼干、豆豉、蛤蜊与所有调味料，一同以大火煮至沸腾，捞除表面浮末后，再以小火煮约10分钟即可。

注：清新的苦瓜添加蛤蜊、鱼干、豆豉，可增加清香；此汤中的红目鲢亦可用其他鲜鱼替代。

133 | 冬瓜鲤鱼汤

● 材料

葱	1/2根	水	1500毫升
冬瓜	150克	黄酒	1大匙
鲤鱼	1条	盐	1小匙
姜片	2片		

● 做法

1. 葱洗净切段备用；冬瓜洗净切块备用；鲤鱼清除内脏后，用纸巾擦干鱼身备用。
2. 取一炒锅，在锅中加入2大匙色拉油，以小火爆香葱段、姜片后，再放入鲤鱼煎约1分钟，待表面呈现金黄色即可。
3. 继续加入水、黄酒及冬瓜块，以大火煮沸后捞出浮沫，转小火继续煮20分钟，起锅前加入盐调味即可。

Tips 好汤有技巧

鱼只需煎上色即可，不需煎熟。煎过的鱼再煮汤，汤头会更加鲜美。

134 | 芥菜豆腐鲫鱼汤

● 材料

葱	1/2根	水	1500毫升
芥菜	100克	盐	1小匙
老豆腐	1/2块	● 调味料	
鲫鱼	1尾	米酒	1大匙
姜片	2片		

● 做法

1. 葱洗净切段；芥菜洗净切片；老豆腐切丁；鲫鱼清除内脏后切块备用。
2. 取一炒锅，在锅中加入2大匙色拉油，以小火爆香葱段、姜片后，用纸巾将鱼身擦干，放入锅中煎约1分钟，待表面呈现金黄色即可。
3. 继续加入米酒、水、芥菜及老豆腐丁，以大火煮沸后捞出浮沫，再转小火煮20分钟，起锅前加入盐调味即可。

Tips 好汤有技巧

葱、姜爆香后再加入水中煮成汤，能使汤头更有香气，这和未爆香就直接丢入锅中煮成汤的味道是截然不同的。

135 | 萝卜鲫鱼汤

● 材料

鲫鱼·····················500克
白萝卜丝············200克
葱段·····················80克
姜片·····················30克

● 调味料

盐·························1小匙
味精·····················2小匙
胡椒粉·················1/4小匙
米酒·····················60毫升
水·····················2000毫升
香油·····················1大匙

● 做法

1. 将鲫鱼洗净后放入锅中，加入色拉油以中火煎约3分钟至上色备用。
2. 将鲫鱼、剩余材料与所有调味料（香油除外）一同煮至沸腾，捞除表面浮末，再改以中火煮至汤色变白，盛入碗中淋入香油即可。

Tips 好汤有技巧

此为冬季美食，有白萝卜的清甜和鱼的鲜味，鲫鱼也可用其他新鲜的鱼代替。

136 | 酸圆白菜煮鱼汤

● 材料

酸圆白菜············150克
虱目鱼·················300克
姜片·····················15克
葱花·····················10克
水·····················1000毫升

● 调味料

盐·····················1/2小匙
鸡精·····················1/2小匙
米酒·····················1/2大匙
胡椒粉·················少许

● 做法

1. 虱目鱼洗净切大片，备用。
2. 取汤锅，加入水和姜片煮沸，再放入酸圆白菜续煮1分钟。
3. 在汤锅中，放入虱目鱼片继续煮，再度煮沸后加入所有调味料，待煮至鱼片变熟，撒上葱花即可。

137 | 老萝卜干鱼汤

● 材料

陈年老萝卜干········30克
虱目鱼·············700克
蒜苗··············30克
姜片···············2片
水··············1300毫升

● 调味料

鸡精············1/4小匙
米酒·············1大匙
胡椒粉············少许
香油·············少许

● 做法

1. 虱目鱼洗净切大块；陈年老萝卜干洗净沥干；蒜苗洗净切片，备用。
2. 将水和陈年老萝卜干倒入砂锅中，煮沸后转小火盖上锅盖煮15分钟，再焖5分钟。
3. 放入虱目鱼块、姜片和米酒，盖锅盖继续煮15分钟，再放入调味料和蒜苗片拌匀即可。

138 | 乌鱼米粉汤

● 材料

乌鱼············300克
粗米粉···········200克
芹菜末···········100克
油葱酥············40克

● 腌料

葱段············50克
姜片············30克
米酒···········60毫升
胡椒粉···········1小匙

● 调味料

鱼骨高汤·······1500毫升
（做法参考P18）
味精············2小匙
盐·············1小匙
胡椒粉···········1小匙
细砂糖···········1大匙
米酒···········30毫升

● 做法

1. 将乌鱼洗净，剁去头尾，鱼身去中骨、鱼刺后，切成小块备用。
2. 将乌鱼块与所有腌料混合拌匀，再以中火煎约3分钟至上色备用。
3. 将粗米粉与所有调味料煮至沸腾，再加入乌鱼块，改以小火煮约15分钟后，加入芹菜末与油葱酥即可。

139 | 红凤菜鱼干汤

● 材料

红凤菜·············150克
小鱼干·············20克
葱·····················1根
嫩姜···················5克
高汤·············300毫升

● 调味料

盐·····················1大匙
砂糖··················1小匙

● 做法

1. 红凤菜洗净沥干后，摘取叶部；小鱼干略冲水后沥干；葱洗净沥干，切斜片；嫩姜洗净沥干，切丝备用。

2. 取汤锅，将高汤、红凤菜叶、小鱼干、葱片、嫩姜片和所有调味料放入，煮至汤汁滚沸后即可。

140 | 芋香鱼头锅

● 材料
鲢鱼头约500克、地瓜粉适量、圆白菜300克、芋头块280克、粉条2把、蒜头100克、红葱头80克、辣椒段30克、香菜适量

● 腌料
葱段60克、姜片40克、胡椒粉1小匙、米酒100毫升

● 调味料
酱油120毫升、细砂糖3大匙、味精3小匙、盐1小匙、乌醋100毫升、鱼骨高汤3000毫升（做法参考P18）、米酒120毫升

● 做法
1. 将鲢鱼头洗净，加入所有腌料拌匀，腌约30分钟后取出，均匀沾裹地瓜粉，并将多余地瓜粉拍除，再放入油温约170℃的油锅内，以中火炸至表面呈金黄色后捞出沥干，备用。
2. 芋头块放入油温约170℃的油锅内，炸至呈金黄色后捞出备用；蒜头放入油温约150℃的油锅炸至呈红褐色后捞出备用。
3. 圆白菜放入沸水中汆烫至软化后捞出，铺入砂锅中备用；粉条在水中泡至软化后捞出，放至圆白菜上备用。
4. 红葱头爆香，加入所有调味料煮至沸腾，倒入砂锅中，再放入鲢鱼头，以小火煮约20分钟，熄火后撒上香菜即可。

141 | 鱼头香菇汤

● 材料

鲈鱼头	1个
香菇	5朵
菠菜	30克
姜丝	20克
水	350毫升

● 调味料

米酒	1小匙
胡椒粉	少许
盐	1/2小匙
鸡精	1/4小匙

● 做法

1. 菠菜洗净切段；香菇洗净，备用。
2. 鱼头剖半、洗净，备用。
3. 取一汤锅，加入水、姜丝、香菇煮沸，再放入鱼头及所有调味料，以小火煮约5分钟，起锅前加入菠菜煮沸即可。

── Tips 好汤有技巧 ⋯⋯⋯⋯

　　鲜鱼取肉做鱼片，剩下的鱼头也别浪费，鱼头汤可是许多餐厅的招牌料理，你也可以在家做。

142 | 栗子红豆鱼头汤

● 材料

栗子40克、红豆20克、红枣5颗、虱目鱼头2个、姜片2片、水2000毫升、盐1小匙

● 调味料

米酒1大匙

● 做法

1. 将栗子、红豆、红枣以水浸泡备用；虱目鱼头洗净备用。
2. 取一炒锅，锅中加入2大匙色拉油，以小火爆香姜片后，将虱目鱼头用纸巾擦干，放入锅中煎约1分钟，待其表面呈现金黄色即可。
3. 继续加入水、米酒、栗子及红豆、红枣，以大火煮沸后捞出浮沫，再转小火煮40分钟，起锅前加入盐调味即可。

── Tips 好汤有技巧 ⋯⋯⋯⋯

　　这道汤需要熬煮较长的时间，才能将红豆与栗子熬到松软可口。

143 | 咖喱鱼汤

● 材料

A
赤棕鱼················450克
低筋面粉···············适量
B
奶油················50克
咖喱块···············130克
洋葱丝···············200克
八角················2颗
老姜片···············30克
辣椒段···············30克
蒜片················50克
C
土豆块···············150克
胡萝卜块·············150克
西蓝花···············150克

● 调味料

A
水··············2000毫升
米酒·············120毫升
酱油··············60毫升
番茄酱············60毫升
盐···············1小匙
细砂糖·············1大匙
味精·············1大匙
B
味醂·············60毫升

● 做法

1. 将赤棕鱼洗净沥干，沾裹低筋面粉后，放入油温约170℃的油锅中，炸至表皮酥脆，捞出备用。

2. 起一炒锅，加入奶油爆香其余材料B后，加入调味料A，以大火煮至沸腾，再放入赤棕鱼与材料C，以小火煮约15分，加入味醂后关火，盛入碗中即可。

144 | 火腿河鳗汤

● 材料

河鳗1条、低筋面粉适量、干香菇80克、火腿片40克、葱段30克、姜片20克、嫩豆腐（切片）1/2盒、红枣50克、竹笋片50克

● 调味料

盐1小匙、味精2小匙、米酒60毫升、水2000毫升

● 做法

1. 将整条河鳗洗净，放入沸水中，汆烫约3秒后捞出，冲洗去除黏液，再切段沾裹低筋面粉，放入油温约170℃的油锅中炸至呈金黄色后，捞出沥干备用。

2. 干香菇泡软切片，挤干水分放入油温约170℃的油锅中，炸至香菇菌折呈红褐色后捞出备用。

3. 热锅，加入少许色拉油，爆香葱段、姜片后，加入水与其余调味料煮至沸腾，即为汤头备用。

4. 取一大碗，将鳗鱼段、香菇片、竹笋片、豆腐片、火腿片、红枣排入大碗中，再倒入汤头后，封上保鲜膜，放入蒸笼内以大火蒸约40分钟即可。

145 | 越式酸鱼汤

● 材料

尼罗红鱼	1条
菠萝	100克
番茄	1个
黄豆芽	30克
香菜	50克
罗勒	5片
水	800毫升

● 调味料

盐	1/4小匙
鱼露	2大匙
细砂糖	1大匙
罗望子酱	3大匙

● 做法

1. 将尼罗红鱼洗净切块，放入沸水中汆烫洗净备用。

2. 将黄豆芽洗净；菠萝、番茄洗净切块备用。

3. 取汤锅，倒入水煮开，加入做法1、做法2的材料煮3分钟，再加入所有调味料和黄豆芽煮2分钟后熄火。

4. 食用时再撒入罗勒和香菜即可。

146 | 鲜鱼味噌汤

● 材料

尼罗红鱼·················1条
圆白菜·················150克
盒装豆腐·············1/2盒
葱花·················1大匙
味噌·················200克
水·················800毫升
海带芽·················少许

● 调味料

柴鱼粉·················1茶匙
米酒·················1茶匙

● 做法

1. 将尼罗红鱼洗净切块，放入沸水中氽烫，捞起备用。
2. 圆白菜洗净切片，豆腐切丁，味噌加入200毫升的水调匀，备用。
3. 取汤锅，倒入其余的水煮沸，放入圆白菜片煮5分钟，再放入鲜鱼块，以小火煮5分钟。
4. 加入味噌、豆腐丁和所有调味料继续煮2分钟，再撒上葱花和海带芽即可。

147 味噌豆腐三文鱼汤

● 材料

三文鱼块............400克
嫩豆腐丁..........1/2盒
海带芽..............适量
柴鱼片..............15克
葱花..................适量
水................2000毫升

● 调味料

味噌..................180克
味醂..................15克

● 做法

1. 取500毫升水与味噌拌匀备用。
2. 海带芽洗净；三文鱼块放入沸水中汆烫，捞出后洗净备用。
3. 取一锅，将剩余1500毫升水煮沸后熄火，放入柴鱼片待沉淀后捞除，重新开火，加入三文鱼块，再加入味噌水拌匀，继续放入嫩豆腐丁，待沸腾时捞除浮末，立即关火，加入海带芽、葱花、味醂拌匀即可。

148 | 味噌汤

● 材料

老豆腐..............3块
味噌..................70克
葱花..................适量
柴鱼片..............适量
水................1000毫升

● 调味料

糖......................1小匙

● 做法

1. 老豆腐略冲水，切小块备用。
2. 味噌加入少许水调匀备用。
3. 取锅，加入水煮至滚沸，放入老豆腐块略煮后，加入味噌以小火煮至入味。
4. 继续加入调味料拌匀，盛入碗中，再撒上葱花和柴鱼片即可。

Tips 好汤有技巧

味噌汤最好是不要重复煮沸，因为味噌再次温热后会丧失香气，所以最好是煮好后立即享用。

113

149 | 鲜虾美颜汤

● 材料

鲜虾·················150克
山药··················50克
蟹味菇··············20克
瘦肉················100克
黄花菜··············30克
玉米笋··············50克
水················1800毫升

● 调味料

米酒··············1大匙
盐··················少许

● 做法

1. 瘦肉放入沸水中汆烫去除血水，捞起以冷水洗净、切片，备用。
2. 山药洗净切小块；蟹味菇洗净去头；玉米笋切段后洗净；黄花菜洗净打结，备用。
3. 取一汤锅，放入1800毫升水以大火煮至沸腾。
4. 将瘦肉片、玉米笋、黄花菜放入汤锅中，转小火煮约15分钟。
5. 将山药块、蟹味菇放入汤锅中，以小火继续煮约15分钟后，再放入鲜虾，煮约5分钟，起锅前加入所有调味料调匀即可。

150 | 虾头味噌汤

● 材料

虾头·················16个
老豆腐··············1块
味噌················2大匙
海苔················1片
葱花················1大匙
水················500毫升

● 调味料

糖··············1/4小匙

● 做法

1. 老豆腐切丁，备用。
2. 取汤锅，将水煮沸，放入虾头、味噌、豆腐丁、糖拌匀煮沸。
3. 食用前加入海苔片、葱花搭配即可。

Tips 好汤有技巧

想要省钱，购买一盒便宜白虾，自己去壳变虾仁最划算，比直接购买虾仁更便宜；剩余的虾头、虾壳不要丢弃，可拿来熬汤，能让平淡的味噌汤更入味鲜甜哦！

151 | 冬瓜蛤蜊汤

● 材料

猪小排·············300克
冬瓜·············350克
蛤蜊·············300克
姜片············· 6片
水·············2000毫升

● 调味料

盐·············1小匙
柴鱼素·············少许
料酒·············1大匙

● 做法

1. 蛤蜊放入清水中，加盐（分量外）静置，使其吐尽泥沙，备用。
2. 猪小排洗净，放入沸水中汆烫去除血水；冬瓜去皮切小块备用。
3. 取一锅，加入水煮至沸腾后，加入猪小排、冬瓜块及姜片以小火煮约40分钟。
4. 加入蛤蜊煮至蛤蜊开口后，加入所有的调味料煮匀即可。

152 | 蛤蜊清汤

● 材料

蛤蜊·····················8个
海带·····················20克
姜·······················10克
水·····················400毫升

● 调味料

盐·······················少许
米酒·····················1大匙

● 做法

1. 海带用湿布擦拭去除污垢；姜去皮切细丝，备用。
2. 蛤蜊洗净，与水、海带一起放入锅中，煮至快沸腾时将海带取出，转为小火，捞除浮沫，继续煮3~4分钟至蛤蜊打开，加盐、米酒调味。
3. 将蛤蜊捞起放入碗中，撒上姜丝，再注入汤汁即可。

Tips 好汤有技巧 ·················

　这是一道不使用高汤，直接煮出原材料鲜味的海鲜汤，因为其食材本身就足够甘甜鲜美。

153 | 姜丝蚬汤

● 材料

蚬·······················300克
姜丝·····················30克
葱花·····················适量
水·····················800毫升

● 调味料

盐·······················1小匙
鸡精·····················2小匙
米酒·····················1小匙
香油·····················1小匙

● 做法

1. 蚬浸泡在清水中使其吐尽泥沙备用。
2. 取一锅，放入800毫升水煮至沸腾，再放入姜丝、蚬煮至蚬壳打开。
3. 加入所有调味料拌匀后熄火，加入葱花、香油即可。

154 | 鲜牡蛎豆腐汤

材料

鲜牡蛎·············200克
豆腐·················1块
韭菜花···············50克
红葱头末·············25克
水················600毫升
地瓜粉···············80克

调味料

盐·················1小匙
鸡精·············1/2小匙
胡椒粉···············少许

做法

1. 鲜牡蛎洗净，沥干水分，沾裹上地瓜粉后放入沸水中汆烫一下捞出；豆腐切小块；韭菜花切细，备用。

2. 热一锅，倒入2大匙油后，放入红葱头末爆香并炒至呈金黄色时取出，即为红葱酥油。

3. 取一汤锅，倒入水煮沸后，放入豆腐块略煮一下，再放鲜牡蛎、所有调味料一起煮至入味。

4. 最后锅中放入韭菜花、红葱酥油拌匀即可。

155 | 鲜牡蛎汤

● 材料

鲜牡蛎…………200克
姜丝………………10克
罗勒………………适量
水………………500毫升

● 调味料

盐………………1/4小匙
鸡精………………少许
米酒………………1小匙

● 做法

1. 鲜牡蛎洗净，沥干备用。
2. 取锅，加入水煮沸后，放入鲜牡蛎煮熟，加入所有调味料煮匀，盛入碗中。
3. 放上姜丝和罗勒即可。

Tips 好汤有技巧

新鲜的牡蛎颜色较深，形状较完整；不新鲜的牡蛎色泽较白，偶尔会有牡蛎身破裂的情况，若贪便宜买回去，很可能短时间内就会腐坏，而且口感也差很多。

156 | 酸菜鲜牡蛎汤

● 材料

鲜牡蛎…………250克
酸菜………………80克
葱花………………15克
嫩姜丝……………15克
水………………600毫升

● 调味料

盐………………1/4小匙
胡椒粉……………少许
香油………………少许
米酒………………1/2大匙

● 做法

1. 鲜牡蛎洗净沥干水分；酸菜洗净切丝，备用。
2. 取一锅，放入600毫升水煮沸，再放入酸菜丝、嫩姜丝、鲜牡蛎煮沸后，加入葱花。
3. 加入所有调味料拌匀即可。

157 | 鲜牡蛎大馄饨汤

● 材料

鲜牡蛎·············200克
肉泥···············150克
韭黄···············100克
葱末···············30克
姜末···············10克
蒜末···············5克
芹菜末·············20克
香菜···············少许
大馄饨皮···········100克
高汤···············700毫升

● 调味料

盐·················1小匙
鸡精··············1/2小匙
胡椒粉·············少许
香油···············少许

● 腌料

盐·················1/4小匙
糖·················1/4小匙
酱油···············1小匙
米酒···············1小匙
胡椒粉·············少许
香油···············少许

● 做法

1. 鲜牡蛎洗净，沥干水分；韭黄洗净切细，备用。

2. 取一容器，放入肉泥、姜末、蒜末、腌料搅拌均匀，腌渍10分钟，再放入韭黄碎、葱末拌匀，即为馅料。

3. 取一张大馄饨皮放于手掌心上，将适量馅料、鲜牡蛎放在馄饨皮上，包卷成大馄饨，直到馅料或馄饨皮使用完毕。

4. 煮一锅沸水，放入包好的馄饨煮约3分钟至馄饨浮起即可取出备用。

5. 另取一锅，倒入高汤煮沸后，放入所有调味料、馄饨，再放入芹菜末、香菜即可。

158 鱿鱼螺肉蒜汤

● 材料

罐头螺肉······················1罐
干鱿鱼·······················1/2只
蒜苗····························1根
蒜头····························2颗
辣椒·························1/2个
香菜····························3棵
高汤·····················400毫升

● 调味料

白胡椒粉·····················少许
米酒···························2大匙
香油···························1小匙
糖·····························1大匙
盐······························少许

● 做法

1. 干鱿鱼剪成小段备用。
2. 将鱿鱼段用冷水浸泡约20分钟至软备用。
3. 蒜苗、辣椒和蒜头都洗净切成小片备用。
4. 取一锅，放入鱿鱼段、做法3的所有材料。
5. 锅中倒入螺肉罐头和高汤，并加入所有调味料。
6. 盖上锅盖，以中小火煮约20分钟即可。

Tips 好汤有技巧

　　鱿鱼先剪成小段，再浸泡在冷水中，可以更快将其浸软；而且要注意不能用热水浸泡鱿鱼，否则会让其味道流失且不会胀大，影响鱿鱼的口感。

160 | 海鲜汤

● 材料

蛤蜊200克、新鲜鲍鱼片12片、乌贼片200克、鲷鱼片3片、草虾仁120克、豌豆苗60克、番茄1个、洋葱1/2个、葱1根、姜5片、色拉油30毫升

● 腌料

A 盐5克、淀粉5克
B 盐3克、水淀粉15克、白胡椒粉5克

● 调味料

A 热开水1000毫升、米酒30毫升
B 盐5克、白胡椒粉5克

● 做法

1. 蛤蜊加500毫升水与5克盐浸泡约1小时，使其吐沙后捞出洗净；洋葱洗净切碎；葱洗净切段；番茄切丁备用。

2. 草虾仁先加入腌料A抓拌，再以水冲净、吸干水分后，用腌料B腌10分钟备用。

3. 将洋葱碎、姜片、葱段、番茄丁及色拉油放入容器内，覆盖耐热保鲜膜，用竹签戳几个小孔，以强微波加热2分钟取出。

4. 捞除葱段、姜片，趁热加入虾仁、乌贼片、鲷鱼片、鲍鱼片、蛤蜊及调味料A拌匀，盖上盖子（微波用），以强微波加热4分钟至蛤蜊壳打开后，再加入豌豆苗及调味料B拌匀即可。

注：也可以将所有材料放入汤锅中煮熟即可。

159 | 白鲳鱼米粉汤

● 材料

白鲳鱼	300克
中粗米粉	200克
香菇	3朵
虾米	30克
蒜苗	40克
蒜酥	15克
芹菜末	10克
水（或高汤）	1500毫升

● 调味料

盐	1小匙
鸡精	1/2小匙
米酒	1/2大匙
白胡椒粉	1/2小匙

● 做法

1. 白鲳鱼洗净切大块，放入油温约160℃的油锅中炸至表面金黄，捞起沥油备用。

2. 香菇以水浸泡洗净后切丝；虾米浸泡在水中；蒜苗洗净切段，将蒜白与蒜尾分开；米粉放入沸水中烫熟，备用。

3. 热锅，放入香菇丝、虾米、蒜白爆香，再加入水或高汤煮至沸腾。

4. 加入米粉煮沸，放入白鲳鱼块及所有调味料煮至入味，起锅前加入蒜酥、蒜尾、芹菜末即可。

161 | 泰式酸辣汤

● 材料

鲜虾·················12只
洋葱·················1/2个
口蘑·················8个
番茄·················1个
香茅·················3根
冷冻泰国柠檬叶·····3片
新鲜柠檬汁·········3大匙
高汤·················500毫升

● 调味料

鱼露·················1.5大匙
细砂糖··············2茶匙
泰国辣椒膏·········1大匙

● 做法

1. 香茅留根部1/3段，洗净拍破，其余的2/3段丢弃不用。

2. 取汤锅，倒入高汤，放入香茅根段和柠檬叶，以小火煮5分钟。

3. 番茄洗净切块、洋葱、口蘑洗净切小块，和烫熟的鲜虾一起放入锅中，加入所有调味料继续煮3分钟。

4. 再加入柠檬汁煮沸即可。

162 西式海鲜清汤

● 材料

鲜虾·····················6只
去骨鲈鱼肉·········50克
乌贼·····················50克
蛤蜊·····················80克
番茄·····················1个
洋葱·····················30克
鱼骨高汤········600毫升
（做法参考P18）

● 调味料

盐·····················1/2小匙

● 做法

1. 去骨鲈鱼肉洗净沥干水
   分，去皮后切长方片；
   乌贼洗净沥干水分，切
   出花纹后切片；蛤蜊以
   水浸泡泡至吐沙后洗净
   备用。
2. 洋葱去皮，与番茄均切
   块备用。
3. 将做法1的材料全放入
   沸水中汆烫，捞出再次
   洗净；洋葱放入烤箱中
   烤至略焦黄备用。
4. 取一汤锅，加入鱼骨高
   汤，以中大火烧开，加
   入洋葱煮3分钟，再加
   入其余所有食材以小火
   煮5分钟，最后以盐调
   味即可。

Tips 好汤有技巧

　　海鲜材料的选择一般
以鱼肉、虾、贝类为主，
还可以再搭配一些耐煮
的软壳海鲜，如鱿鱼、乌
贼。蔬菜的搭配首先是能
去除腥味的洋葱，除此之
外再配上几种不同颜色的
蔬菜就会更漂亮可口。

163 | 椰奶海鲜汤

● 材料

墨鱼	30克
香茅	少许
椰奶	100毫升
南姜	2片
柠檬叶	1片
香菜梗	少许
水	1000毫升
蛤蜊	4个
鲜虾	3只
香菜	少许
小辣椒	2个

● 调味料

柠檬汁	1大匙
盐	1小匙
鱼露	2小匙
白胡椒粉	少许
糖	1小匙

● 做法

1. 墨鱼洗净从内侧切花刀备用；香茅洗净切段，备用。
2. 取一汤锅，在锅中加入椰奶、南姜、香茅、柠檬叶、香菜梗、小辣椒，以小火煮约5分钟待其煮出香味。
3. 在锅中继续放入水、蛤蜊、鲜虾及所有的调味料，以中火煮5分钟，将食材煮熟后，盛入汤碗中，加入香菜作为点缀即可。

164 | 蒜头干贝田鸡汤

● 材料

田鸡	2只
蒜头	10颗
水	1000毫升
干贝	10克
枸杞子	3克

● 调味料

米酒	1大匙
盐	少许

● 做法

1. 田鸡洗净去皮切块备用；蒜头用170℃的油温炸成金黄色后取出备用。
2. 取一炖盅，加入水、田鸡、蒜头、干贝、枸杞子、米酒后，在炖盅口上封住一层保鲜膜。
3. 将炖盅放入蒸笼里，以大火蒸1小时后取出，加盐调味即可。

Tips 好汤有技巧

蒜头一定要先以热油炸成金黄色后再放入汤锅中与汤水同煮，这样才能提出蒜头的香味。

165 | 什锦蔬菜汤

● 材料

胡萝卜·················100克
西芹·····················50克
土豆·····················100克
番茄·····················2个
西蓝花·················100克
洋葱·····················50克
水·····················600毫升

● 调味料

盐·····················1/2小匙

● 做法

1. 将胡萝卜、土豆和西芹去皮洗净切丁备用。

2. 番茄洗净，切滚刀小块，洋葱切丁，西蓝花洗净切小块备用。

3. 锅烧热，倒入1大匙色拉油，放入洋葱丁和做法1的所有材料，以小火炒5分钟后倒入汤锅。

4. 倒入水煮沸，转小火煮10分钟，再放入番茄块和西蓝花块煮10分钟，最后加盐调味即可。

166 | 五行蔬菜汤

● 材料

白萝卜·············200克
胡萝卜·············100克
牛蒡···············100克
鲜香菇（大型）·····3朵
萝卜叶·············150克
水················600毫升
海带香菇高汤·200毫升
（做法参考P19）

● 调味料

海带素·············6克
盐·················少许
色拉油·············适量

● 做法

1. 萝卜叶洗净，放入沸水中汆烫至变色后捞出浸泡在冷水中，待其冷却后沥干，切成4厘米长的段。
2. 白萝卜、胡萝卜和牛蒡均洗净、去皮、切薄片备用。
3. 热锅倒入适量油烧热，放入做法2处理好的材料拌炒均匀，加入水、海带香菇高汤以中小火煮至鲜甜风味释放出来。
4. 将萝卜叶放入锅中略煮一下，以盐和海带素调味即可。

167 | 柴把汤

● 材料

竹笋···············1/2支
胡萝卜·············1/5根
芹菜···············2棵
酸菜···············1/3棵
干胡瓜条···········1卷
素五花肉···········50克
素火腿·············50克
姜·················3片
水···············1000毫升

● 调味料

盐·············1/2小匙

● 做法

1. 竹笋、胡萝卜、酸菜、素火腿分别洗净切成长约6厘米的长条；姜洗净切丝；芹菜洗净切末；干胡瓜条剪成长约12厘米的长条备用。
2. 将竹笋、胡萝卜、酸菜、素火腿以干胡瓜条一一捆绑成小柴把备用。
3. 取一深锅，加入水、姜丝及柴把，以大火煮至汤汁滚沸后，转小火继续炖煮30分钟，熄火前加入芹菜末、盐调味即可。

168 | 米兰蔬菜汤

● 材料

A

培根·····················20克
洋葱·····················10克
胡萝卜···················10克
西芹·····················10克
番茄·····················1/4个
圆白菜···················10克
土豆·····················20克

B

高汤·················400毫升
意大利面···············10克
欧芹·····················少许

● 调味料

盐·····················1/2小匙
黑胡椒粉·················少许
番茄酱···················2大匙

● 做法

1. 将材料A均切成小丁备用。
2. 热锅，在锅中加入1大匙色拉油，以中火炒香所有做法1的材料，炒约1分钟。
3. 锅中加入高汤及意大利面，以大火煮开后再转小火继续煮10分钟，起锅前加入所有的调味料。
4. 盛入碗中后，撒上欧芹即可。

| # 意大利蔬菜汤

● 材料

洋葱	1个
培根	2片
西芹	50克
圆白菜	100克
黄栉瓜	30克
绿栉瓜	30克
胡萝卜	1/3根
番茄	1个
菜花	30克
土豆	1个

● 汤底

番茄高汤……600毫升
（做法参考P21）

● 调味料

盐	1小匙
意大利综合香料·	2小匙
干燥欧芹粉	1小匙

● 做法

1. 洋葱、土豆去皮切小丁；其余所有材料切小丁，备用。
2. 将培根炒香后加入其余蔬菜丁炒软。
3. 加入番茄高汤及所有调味料炖煮30分钟即可。

一碗暖

170 | 意式田园汤

● 材料

洋葱丁·················· 5克
西芹丁·················· 5克
胡萝卜丁·············· 3克
圆白菜丁·············· 20克
番茄丁·················· 50克
高汤·················500毫升

● 调味料

盐·················1/4小匙

● 做法

1. 锅内倒入少许色拉油，放入材料中所有蔬菜丁炒香。
2. 锅中加入高汤，煮沸后转小火熬煮约10分钟，再放入调味料即可。

171 | 牛肉蔬菜汤

● 材料

土豆·················· 1/2个
胡萝卜·············· 1/3根
圆白菜·············· 60克
洋葱·················· 50克
牛肉·················400克
牛骨高汤······1000毫升
（做法参考P17）

● 调味料

盐·················少许
黑胡椒粉（粗）····少许
糖·················少许

● 做法

1. 土豆、胡萝卜去皮切小块；圆白菜、洋葱洗净切小块备用。
2. 牛肉切块，余烫去血水后洗净备用。
3. 取一深锅，放入牛肉块，加的淹过牛肉的水量，以中火煮开再继续煮约6分钟，捞起牛肉备用。
4. 取另一锅，放入土豆和胡萝卜、牛肉、牛骨高汤，以小火煮约45分钟至全部材料软透，加入调味料调味即可。

172 | 爽口圆白菜汤

● 材料

圆白菜··········150克
白萝卜··········300克
鲜香菇··········2朵
白米···········20克
水···········1000毫升

● 调味料

柴鱼素··········10克
味醂··········10毫升

● 做法

1. 圆白菜剥下叶片洗净，切成粗丝；香菇洗净切片；备用。
2. 白萝卜洗净，去皮后切成约4厘米长的粗条；鲜香菇洗净切丝；白米放入纱布袋中封口绑好备用。
将水、做法2的材料放入汤锅，大火煮开后改中小火煮至白萝卜呈透明状，再加入圆白菜继续煮约1分钟，以柴鱼素、味醂调味后熄火，取出白米袋即可。

173 | 番茄玉米汤

● 材料

番茄·················· 2个
玉米·················· 1根
葱·················· 1/2根
姜丝·················· 适量
高汤·············· 800毫升

● 调味料

盐·················· 1小匙
香菇粉·················· 1小匙
香油·················· 2小匙

● 做法

1. 番茄洗净切块；玉米洗净切段；葱洗净切段，备用。
2. 取一锅，加入高汤，将番茄块、玉米段和盐、香菇粉一同以小火煮20分钟，煮至玉米段熟透且汤汁清澈。
3. 加入葱段与香油、姜丝即可。

174 | 玉米萝卜汤

● 材料

玉米·················· 300克
白萝卜·················· 100克
芹菜末·················· 10克
水·················· 700毫升

● 调味料

盐·················· 1小匙
鸡精·················· 1小匙

● 做法

1. 玉米去须切小段；白萝卜去皮切小块，备用。
2. 取锅，放入玉米段、白萝卜块、水煮至沸腾。
3. 加入芹菜末及所有调味料拌匀即可。

175 | 萝卜干豆芽汤

● 材料

萝卜干·············1条
黄豆芽·············100克
水···············600毫升

● 做法

1. 将萝卜干略为冲洗去咸味和杂质，切小块备用。
2. 黄豆芽洗净，沥干水分备用。
3. 水倒入汤锅中煮至滚沸，加入萝卜干块和黄豆芽，以小火煮约8分钟即可。

Tips 好汤有技巧 ·················

腌制的萝卜干较咸，使用前先略为清洗可以去除多余盐分和杂质，煮汤的时候也不需要再加盐调味，否则就会太咸。

176 | 冬菜豆芽汤

● 材料

黄豆芽·············150克
冬菜···············1大匙
水···············800毫升

● 调味料

盐···············1/4小匙

● 做法

1. 黄豆芽摘除根部，挑掉豆壳后洗净沥干水分备用。
2. 冬菜以清水略冲洗后沥干水分备用。
3. 取一汤锅，倒入800毫升水，以大火烧开，放入黄豆芽与冬菜，改小火继续煮约10分钟后以盐调味即可。

177 | 番茄蔬菜汤

● 材料

番茄·····················400克
银耳·····················15克
秋葵·····················3个
水·····················400毫升
蔬菜高汤········200毫升
（做法参考P20）

● 调味料

味酥·················10毫升

● 做法

1. 将银耳泡水至形状完全展开还原，洗净切除硬蒂后切碎备用。

2. 秋葵洗净，放入沸水中汆烫至外观呈鲜绿色，捞出泡入冷开水中，冷却后捞出沥干，斜切成约0.3厘米见方的片备用。

3. 将番茄洗净，轻轻划出十字刀纹，放入沸水中汆烫至皮翻开，捞出稍微降温后撕除外皮，切成月形块备用。

4. 将处理好的番茄块与水、蔬菜高汤一起放入汤锅中，大火煮开后改以中小火继续煮至番茄完全熟软。

5. 放入银耳碎继续煮约5分钟，以味酥调味，熄火前放入秋葵片即可。

178 | 冬瓜海带汤

● 材料

冬瓜·······················500克
海带结·······················100克
姜片·························· 5片
海带香菇高汤·400毫升
（做法参考P19）
水·····················400毫升

● 调味料

盐······················适量
米酒················· 15毫升
味醂················· 15毫升

● 做法

1. 冬瓜洗净，以刀面刮除表皮，留下绿色硬皮，切粗角丁；海带结洗净备用。
2. 将水与海带香菇高汤倒入锅中，加入处理好的材料与姜片，大火煮开后改中小火继续煮约15分钟至冬瓜略呈透明状，加入所有调味料调味即可。

Tips 好汤有技巧 ············

冬瓜经过熬煮很容易变得软烂，为了保留更多的营养成分，同时维持最佳的口感，去皮时只要将表面最外层刮掉就好，切掉太厚的外皮，反而会将靠近表皮营养较多的部位去除，并且烹煮后也无法保持漂亮的青绿色。

---

179 | 海带芽汤

● 材料

海带芽····················· 2克
鸡蛋·······················1个
姜丝·······················少许

● 酱汁

海带柴鱼高汤·300毫升
（做法参考P19）
盐························少许
姜汁························少许

● 做法

1. 海带芽泡入水中使其膨胀后沥干备用；鸡蛋打入碗中，搅拌均匀成蛋液，并以少许盐调味备用。
2. 将海带柴鱼高汤倒入锅中加热煮开，以少许盐调味，再将蛋液以画圆的方式淋入，加入少许姜汁及姜丝随即熄火。
3. 将海带芽放入预备的碗中，再将做好的汤汁倒入碗中即可。

180 时蔬土豆汤

● 材料

洋葱……………1/2个
土豆……………2个
西芹……………100克
番茄……………200克
圆白菜…………200克
胡萝卜…………200克
罐头肉豆………50克
蒜末……………5克
番茄汁…………300毫升
水………………1200毫升
香叶……………1~2片
欧芹末…………少许

● 调味料

鸡高汤块………1小块
盐………………少许
橄榄油…………2大匙

● 做法

1. 洋葱、土豆、胡萝卜均洗净、去皮、切成粗丁；罐头肉豆取出，稍微冲洗后沥干水分，备用。

2. 番茄洗净去蒂，切成粗丁；西芹洗净，撕除老筋后切成粗丁；圆白菜剥开叶片洗净，切小方片，备用。

3. 热锅倒入橄榄油烧热，先放入蒜末以小火炒出香味，加入所有做法1与做法2处理好的所有材料以大火翻炒均匀，再加入水和香叶大火煮开，改以中小火煮约20分钟至材料熟软，加入番茄原汁和鸡高汤块煮至均匀，以盐调味后熄火盛出，最后撒上欧芹末即可。

181 | 什锦蔬菜豆浆汤

● 材料

紫地瓜……………50克
黄地瓜……………50克
红地瓜……………50克
芋头………………100克
土豆………………100克
南瓜………………150克
无糖豆浆………500毫升
水…………………600毫升

● 调味料

海带素………………6克
盐…………………适量

● 做法

1. 紫地瓜、黄地瓜、红地瓜、芋头、土豆、南瓜均洗净、去皮、切小方块泡入水中，备用。

2. 热锅倒入1大匙油烧热，加入做法1处理好的所有材料充分拌炒均匀，倒入水大火煮开，改中小火继续煮至所有材料熟软，再加入无糖豆浆继续煮2分钟，最后以盐和海带素调味即可。

Tips 好汤有技巧

豆浆不仅可以当作火锅汤底，平时煮汤也可以作为方便现成的汤头，浓郁的豆香与蔬菜是相得益彰的组合，豆浆汤的特色是味道浓但口感清爽，搭配根茎类蔬菜营养更丰富，也可以做成甜汤当点心或饭后甜点食用。

182 | 什锦菇汤

● 材料

杏鲍菇⋯⋯⋯⋯150克
鲜香菇⋯⋯⋯⋯50克
秀珍菇⋯⋯⋯⋯120克
金针菇⋯⋯⋯⋯150克
姜丝⋯⋯⋯⋯⋯10克
葱花⋯⋯⋯⋯⋯10克
香油⋯⋯⋯⋯⋯1大匙
水⋯⋯⋯⋯⋯700毫升

● 调味料

盐⋯⋯⋯⋯⋯1/2小匙
鸡精⋯⋯⋯⋯1/2小匙
米酒⋯⋯⋯⋯1小匙

● 做法

1. 杏鲍菇洗净切片；鲜香菇洗净切片；秀珍菇洗净去蒂头；金针菇洗净去头，备用。
2. 热锅，倒入香油，爆香姜丝，再加入水煮沸。
3. 锅中加入做法1的材料，煮约3分钟至材料熟软，再加入所有调味料拌煮均匀至沸腾，起锅前撒上葱花即可。

183 | 丝瓜鲜菇汤

● 材料

丝瓜⋯⋯⋯⋯500克
柳松菇⋯⋯⋯50克
秀珍菇⋯⋯⋯50克
姜丝⋯⋯⋯⋯10克
水⋯⋯⋯⋯400毫升

● 调味料

盐⋯⋯⋯⋯少许
柴鱼素⋯⋯4克

● 做法

1. 丝瓜洗净，去皮后切成约2厘米长的小条；柳松菇和秀珍菇洗净备用。
2. 热锅倒入适量油烧热，放入姜丝以中小火炒出香味，再加入做法1所有材料翻炒一下，倒入水继续煮至材料熟软，最后以盐和柴鱼素调味即可。

184 | 鲜菇汤

● 材料

鲜香菇·····················2朵
金针菇····················50克
柳松菇····················50克
蘑菇······················50克
杏鲍菇····················50克
西蓝花···················150克
蔬菜高汤·············600毫升
（做法参考P20）

● 调味料

海带素·····················6克
盐·······················适量

● 做法

1. 鲜香菇、金针菇去蒂以
   酒水洗净，沥干水分，
   鲜香菇切片。
2. 柳松菇、杏鲍菇以酒水
   洗净，沥干水分，以手
   撕成长条。
3. 蘑菇以酒水洗净，沥干
   水分，对半切开。
4. 西蓝花放入水中汆烫至
   呈翠绿色，先泡入冰水
   中，再捞起沥干备用。
5. 将蔬菜高汤倒入锅中，
   放入做法1、做法2、
   做法3的全部材料以大
   火煮沸，改以中小火继
   续煮约10分钟，再加
   入西蓝花和调味料略搅
   拌即可。

185 | 养生鲜菇汤

● 材料

番茄·························2个
柳松菇·····················200克
金针菇·····················1包
枸杞子·····················10克
白酒·······················1大匙
香菇粉·····················2大匙
水·························3000毫升

● 做法

1. 番茄洗净切块；金针菇洗净去蒂头；柳松菇洗净，备用。
2. 将3000毫升的水倒入汤锅中煮沸，再加入番茄块煮约10分钟，接着放入金针菇、柳松菇及枸杞子煮熟，起锅前加入白酒与香菇粉拌匀调味即可。

186 | 肉末鲜菇汤

● 材料

瘦猪肉泥·············50克
秀珍菇·············50克
葱花·············1小匙
水·············600毫升

● 调味料

盐·············1/2小匙

● 做法

1. 秀珍菇洗净，沥干水分备用。
2. 汤锅中加水煮至滚沸，加入瘦猪肉泥、秀珍菇以及盐煮至再次滚沸。
3. 继续煮约5分钟，撒入葱花即可。

Tips 好汤有技巧

近年来非常流行吃菇养生，所以市面上也有越来越多种菇类可选购，下次吃火锅的时候不妨以菇类来煮高汤，也是一种清爽且营养的汤头。

187 | 香油杏鲍菇汤

● 材料

杏鲍菇	150克
老姜	50克
枸杞子	10粒
水	400毫升

● 调味料

香油	100毫升
米酒	3大匙
香菇素	4克
盐	少许

● 做法

1. 杏鲍菇以酒水洗净，沥干水分后以手撕成大长条；老姜刷洗干净外皮，切片；枸杞子洗净后以水泡约5分钟，沥干水分；备用。
2. 热锅倒入香油烧热，加入姜片，以小火慢炒至姜片卷曲并释放出香味，加入杏鲍菇长块拌炒均匀，沿锅边淋入米酒，继续煮至酒味散发，再加入水以中火煮开，以盐和香菇素调味，起锅前加入枸杞子拌匀即可。

> **Tips 好汤有技巧**
>
> 菇类食材如果直接以水清洗，会因为吸收水分而降低香味，但是不洗又不够卫生，所以最好的方法就是以含有15%酒精的酒水来清洗，利用酒精来加速水分的散发，维持菇的香气。

188 | 枸杞香油川七汤

● 材料

川七	150克
枸杞子	10克
老姜	30克
高汤	200毫升

● 调味料

| 香油 | 2大匙 |
| 米酒 | 1大匙 |

● 做法

1. 将川七叶中的老梗摘除后，洗净沥干；枸杞子洗净沥干；老姜洗净沥干后，切片备用。
2. 取锅，倒入香油，放入老姜片爆香后，加入高汤、川七、枸杞子和米酒，煮至滚沸后盛起即可。

> **Tips 好汤有技巧**
>
> 川七菜叶因为保存不易，所以买回后烹调前，别忘了稍作挑选，先将较老及烂的叶片挑除，并且早些下锅烹调，千万不要将川七菜叶放置过久。

189 | 蒜香菜花汤

● 材料

菜花······300克
胡萝卜······80克
蒜头······10颗
蔬菜高汤······800毫升
（做法参考P20）

● 调味料

盐······少许
鸡精······8克

● 做法

1. 菜花洗净，切成小朵后撕除粗皮，放入沸水中氽烫至变色，捞出泡入冷水中，冷却后捞出、沥干水分；胡萝卜洗净，去皮后切片；备用。

2. 锅中倒入1大匙油烧热，放入蒜头以小火炒至表皮稍微呈褐色，加入做法1处理好的蔬菜拌炒均匀，再加入蔬菜高汤大火煮开，改中火继续煮至菜花熟软，以盐和鸡精调味即可。

190 | 香油黑田菜汤

● 材料

黑田菜······200克
瘦肉片······150克
姜丝······20克
香油······2大匙
水······700毫升

● 调味料

鸡精······1小匙
米酒······1大匙

● 做法

1. 黑田菜挑去老叶后，洗净沥干备用。

2. 热锅，倒入香油烧热，加入姜丝爆香后，加入瘦肉片以中火炒一下，再加入水煮沸，放入黑田菜煮1分钟，最后加入所有调味料拌匀即可。

191 | 椰子汁笋块汤

● 材料

熟麻笋…………300克
带骨鸡肉…………200克
新鲜椰子汁……300毫升
水…………………600毫升

● 调味料

盐…………………少许

● 做法

1. 麻笋切适当大小的滚刀块；鸡肉切块，放入沸水中汆烫去除血水，捞起冲洗干净，备用。
2. 将水、笋块放入汤锅中煮至沸腾，加入鸡肉块，转小火煮约15分钟。
3. 加入新鲜椰子汁，再煮约10分钟，加入盐调味即可。

192 | 苋菜竹笋汤

● 材料

苋菜…………………200克
竹笋丝……………适量
猪肉丝……………适量
高汤…………1500毫升

● 调味料

盐…………………适量
鸡精………………适量
胡椒………………适量

● 腌料

米酒………………少许
酱油………………少许
香油………………少许
淀粉……………1/2小匙

● 做法

1. 苋菜洗净切小段；猪肉丝用腌料腌约5分钟备用。
2. 将1500毫升高汤煮开，放入苋菜、笋丝，煮约10分钟至苋菜软化，再加入肉丝。
3. 煮至汤汁再度沸腾，加入调味料拌匀即可。

193 | 韩式泡菜汤

● 材料

排骨·····················300克
韩式泡菜··············100克
黄豆芽··················100克
水·····················1000毫升

● 调味料

盐·····················1/2小匙

● 做法

1. 排骨放入沸水中氽烫，捞起放入汤锅中，加入水，以小火煮30分钟，关火备用。

2. 另取锅烧热，加入1大匙色拉油及50克切块的韩式泡菜炒香，再放入黄豆芽以小火炒3分钟。

3. 将做法2的材料倒入做法1的汤锅中煮10分钟，再加入剩余的泡菜块煮沸，最后加盐调味即可。

ips 好汤有技巧

用韩式泡菜来煮汤，最好先切小块，然后再用油炒香，这样熬煮出来的泡菜汤头会更够味，吃起来口感也更佳。

194 | 韩风辣味汤

● 材料

柳松菇⋯⋯⋯⋯⋯50克
金针菇⋯⋯⋯⋯⋯50克
土豆⋯⋯⋯⋯⋯200克
胡萝卜⋯⋯⋯⋯100克
黄豆芽⋯⋯⋯⋯100克
嫩豆腐⋯⋯⋯⋯1/2块
韩式带汁泡菜⋯150克
蒜末⋯⋯⋯⋯⋯10克
水⋯⋯⋯⋯⋯1000毫升

● 调味料

韩国细辣椒粉⋯⋯5克
韩式风味素⋯⋯⋯10克
酱油⋯⋯⋯⋯⋯1大匙

● 做法

1. 柳松菇洗净,撕成小朵;土豆、胡萝卜均洗净,去皮后切块;黄豆芽洗净,备用。
2. 嫩豆腐以汤匙挖成粗块;金针菇洗净切成小段,备用。
3. 热锅倒入2大匙香油烧热,加入蒜末、韩国细辣椒粉小火炒出香味,再加入带汁泡菜和做法1处理好的所有材料拌炒均匀,加入水、韩式风味素、酱油和做法2处理好的食材改中小火继续煮约20分钟至食材入味且风味释出即可。

195 | 韩国年糕汤

● 材料

年糕⋯⋯⋯⋯⋯100克
泡菜⋯⋯⋯⋯⋯50克
葱⋯⋯⋯⋯⋯1/2根
火锅料⋯⋯⋯⋯适量
高汤⋯⋯⋯⋯1500毫升
香菜⋯⋯⋯⋯⋯少许

● 调味料

盐⋯⋯⋯⋯⋯1/2小匙
酱油⋯⋯⋯⋯⋯1大匙
韩国辣椒粉⋯⋯1大匙半
白胡椒粉⋯⋯⋯少许
米酒⋯⋯⋯⋯⋯1大匙

● 做法

1. 将年糕切成长条备用;泡菜切片、葱洗净切段备用;所有的调味料一起拌匀备用。
2. 取一汤锅,在锅中加入年糕、泡菜、火锅料、葱段、高汤,以大火煮开后再倒入拌匀的调味料,再次以大火煮开后,盛入汤碗中后,加入香菜作为点缀即可。

Tips 好汤有技巧

这道菜的美味的秘诀在于在煮汤前,泡菜须先拧干汁液,将汁液留作后来倒入锅中的调味料,这样汤头才美味。

196 | 裙带菜黄豆芽汤

● 材料

黄豆芽······200克
裙带菜······15克
红辣椒······1/3个
蒜末······5克
熟白芝麻······少许
香油······2大匙
水······600毫升

● 调味料

盐······适量
韩式甘味调味粉·····5克

● 做法

1. 黄豆芽洗净沥干水分；红辣椒洗净，去蒂后切斜片备用。
2. 裙带菜洗去多余盐渍，放入沸水中氽烫约10秒钟，捞出沥干水分，切小段备用。
3. 热锅倒入香油烧热，先放入蒜末与红辣椒片，以中火炒出香味，再加入黄豆芽拌炒均匀。
4. 锅中加水，以大火煮开后改中小火继续煮约5分钟，加入裙带菜拌匀，以盐和韩式甘味调味粉调味，熄火盛出后撒上熟白芝麻即可。

197 | 黄豆芽番茄汤

● 材料

黄豆芽······200克
番茄······2个
芹菜······1棵

● 调味料

盐······1/2小匙
鸡精······1/2小匙
高汤······2000毫升

● 做法

1. 番茄洗净，底部划十字，放入沸水中氽烫去皮切块。
2. 芹菜洗净切段；黄豆芽洗净放入沸水氽烫后捞起备用。
3. 将高汤煮开，放入番茄块和芹菜段、黄豆芽，转中小火煮20分钟，再加入盐、鸡精调味即可。

198 | 什锦蔬菜味噌汤

● 材料

牛蒡50克、黑木耳50克、沙拉笋50克、金针菇1/2把、老豆腐1/4块、胡萝卜20克、干香菇2朵、魔芋2片、水500毫升、海带香菇高汤200毫升（做法参考P19）、磨碎白芝麻少许、海苔丝少许

● 调味料

味噌50克、海带素4克、米酒15毫升、味醂5毫升

● 做法

1. 牛蒡洗净去皮，先以刀尖直划数刀，再以削皮刀削出细丝；黑木耳洗净，去除硬蒂后切丝；沙拉笋洗净切丝；金针菇去蒂，洗净后切段；胡萝卜洗净，去皮后切丝；香菇以水泡至完全还原，洗净切斜片；魔芋洗净，放入沸水中汆烫一下，捞出沥干水分后切斜片；备用。

2. 热锅倒入2大匙香油烧热，放入做法1处理好的所有材料以中小火拌炒均匀，再加入水与海带香菇高汤以大火煮开。

3. 将老豆腐切长条，放入锅中以中小火续煮至入味，以海带素、米酒和味醂调味，再以小滤网装味噌放入锅中，边搅拌边摇晃至味噌完全融入汤汁中后，熄火盛出再撒上磨碎白芝麻和海苔丝即可。

Tips 好汤有技巧

要快速做出美味的蔬菜汤，除了利用现成高汤节省熬煮时间外，也可直接搭配能让汤头变美味的配料或调味料。味噌就是一种营养又方便的材料，它不仅可以补充蔬菜缺乏的蛋白质，还可以快速地让汤头变得很有味道。但味噌不宜久煮，最后加入调味即可。

199 | 薄扬萝卜味噌汤

● 材料

白萝卜⋯⋯⋯⋯⋯1小段
薄片油豆腐⋯⋯⋯⋯1片
萝卜梗叶⋯⋯⋯⋯⋯1支

● 味噌汤底

高汤⋯⋯⋯⋯⋯300毫升
味噌⋯⋯⋯⋯⋯⋯25克
味酥⋯⋯⋯⋯⋯1/2小匙

● 做法

1. 将白萝卜去皮后切成小长方片，放入水锅中煮至透明后捞起泡入水中备用。
2. 油豆腐先氽烫去除油分，再切成细长条；萝卜梗叶氽烫后切小段备用。
3. 将高汤放入锅中煮开，把味噌放入长柄滤网中，再将滤网浸入高汤，用筷子搅拌使味噌均匀融进汤中，再加入味酥拌匀即成味噌汤底。
4. 将做法1与做法2的材料放入汤碗，再盛入味噌汤底即可。

Tips 好汤有技巧

味噌汤是很道地的日式汤品，在日本每个家庭主妇都会煮。味噌汤要想好吃就不要重复煮沸，否则会失去香气，所以最好是煮好后立即享用。

200 | 青菜豆腐汤

● 材料

青菜⋯⋯⋯⋯⋯⋯50克
嫩豆腐⋯⋯⋯⋯⋯1盒
姜丝⋯⋯⋯⋯⋯⋯10克
水⋯⋯⋯⋯⋯⋯600毫升

● 调味料

盐⋯⋯⋯⋯⋯⋯1小匙
鸡精⋯⋯⋯⋯⋯1小匙
香油⋯⋯⋯⋯⋯1小匙

● 做法

1. 青菜洗净切段；嫩豆腐切小块，备用。
2. 取锅，放入嫩豆腐、青菜、水及姜丝煮至沸腾。
3. 加入所有调味料拌匀即可。

201 | 豆腐味噌汤

● 材料

老豆腐·············1/4块
油豆腐··················1片
干海带芽············适量
葱花······················少许
水··················450毫升

● 调味料

红味噌···········1/2大匙
白味噌···············1大匙
柴鱼素···········1/2小匙
味醂···············1/2小匙

● 做法

1. 将老豆腐切成粗丁，放入沸水中氽烫后，捞起泡入冷水中备用。

2. 将油豆腐放入沸水中烫除油渍，捞起沥干后切成长条备用。

3. 海带芽泡入水中，待膨胀后沥除水分，压干备用。

4. 锅中放水以中火烧开，将红味噌、白味噌、柴鱼素放入长形网中，用筷子搅动，使其溶于锅中，再加入味醂即可熄火。

5. 将做法1、做法2、做法3的材料放入汤碗中，再注入做法4的汤汁至约八分满，最后撒上少许葱花即可。

202 | 蔬菜清汤

● 材料

猪五花肉薄片········适量
牛蒡··················适量
金针菇··················适量
香菇··················适量
胡萝卜··················适量
上海青··················适量

● 酱汁

海带柴鱼高汤·300毫升
（做法参考P19）
酱油··················少许
盐··················少许

● 做法

1. 猪五花肉薄片撒上少许的盐，切成粗条放入热水中氽烫后捞起备用；将牛蒡、金针菇、香菇、胡萝卜、上海青洗净切丝，并放入热水中氽烫后捞起备用。

2. 将海带柴鱼高汤倒入锅中加热煮开，再放入酱油及盐调味后熄火。

3. 将做法1的材料放入预备的碗中，并把做法2的汤汁倒入碗中即可。

Tips 好汤有技巧

这道汤很清淡，食用前撒上少许七味粉、山椒粉或柚子粉等调味料，可以增加口感和香气。

203 | 咖喱蔬菜汤

● 材料

日式三角油豆腐	3块
鲜香菇	2朵
茄子	1/2个
洋葱	1/2个
红甜椒	1/3个
黄甜椒	1/3个
胡萝卜	50克
玉米笋	40克
四季豆	2根
蒜末	10克
姜末	10克
蔬菜高汤	600毫升

（做法参考P20）

● 调味料

咖喱粉	20克
咖喱块	20克
辣椒粉	2克

● 做法

1. 日式三角油豆腐、鲜香菇、玉米笋均洗净，茄子洗净去蒂，洋葱、胡萝卜均洗净、去皮，红甜椒、黄甜椒均洗净、去蒂及籽；上述材料均切成小滚刀块，备用。

2. 四季豆洗净切段，放入沸水中汆烫至变为翠绿色，捞出沥干水分备用。

3. 热锅倒入3大匙色拉油烧热，放入蒜末、姜末炒出香味，依序放入做法1的所有材料及辣椒粉充分拌炒均匀。

4. 将咖喱粉加入锅中继续拌炒均匀，再加入蔬菜高汤大火煮开，改中小火继续煮约15分钟后，放入切碎的咖喱块拌煮均匀，最后放入烫好的四季豆即可。

204 | 椰香酸辣汤

● 材料

洋葱1/4个、胡萝卜20克、蘑菇50克、圣女果50克、金针菇50克、香菜20克、红辣椒1根、柠檬叶4片、香茅适量、水600毫升

● 调味料

辣椒粉3克、鱼露3大匙、柠檬汁2大匙、细砂糖1大匙、椰奶200毫升

● 做法

1. 洋葱、胡萝卜均洗净，去皮后切丝；蘑菇洗净、切片；圣女果洗净，去蒂后对半切开；金针菇去蒂，洗净后切小段；红辣椒洗净，去蒂后切丝；备用。
2. 香菜洗净后切小段备用。
3. 热锅倒入2大匙色拉油烧热，放入做法1处理好的所有材料，以中火拌炒均匀，加入水、柠檬叶和香茅以大火煮开，改中小火继续煮约3分钟，加入所有调味料拌匀，熄火盛出，最后撒上香菜段即可。

205 | 墨西哥蔬菜汤

● 材料

洋葱	1个
西芹	80克
芦笋	50克
胡萝卜	1根
圆白菜	100克

● 调味料

盐	1小匙
鸡精	1小匙
墨西哥辣椒粉	1小匙
匈牙利红椒粉	2小匙

● 汤底

番茄高汤……1200毫升
（做法参考P21）

● 做法

1. 洋葱、胡萝卜去皮切块；西芹洗净切块；芦笋洗净削除粗皮；圆白菜洗净剥成片，备用。
2. 将做法1所有食材放入锅中，加入番茄高汤及所有调味料炖煮15分钟即可。

206 | 七彩神仙锅

● 材料

牛蒡·····················50克
土豆·····················80克
白萝卜···················80克
胡萝卜···················50克
山药·····················80克
黄豆芽···················20克
海带结···················30克
菱角·····················30克
三角豆干·················20克
鲜香菇···················3朵
西蓝花···················50克

● 调味料

素高汤············1200毫升
（做法参考P20）
盐·······················1小匙

● 做法

1. 牛蒡、土豆、胡萝卜、
   白萝卜、山药去皮洗净
   切块；鲜香菇洗净切
   块，备用。

2. 西蓝花去除粗纤维洗
   净；海带结、菱角、黄
   豆芽以及三角豆干洗净
   备用。

3. 取一砂锅，倒入所有调
   味料煮至滚沸，再放入
   所有材料以小火煮约
   30分钟即可。

207 | 甘露果盅

● 材料

哈密瓜1个、莲子8颗、桂圆4颗、鲜百合30克、白果5粒、银耳5克、枸杞子1大匙、红枣5颗

● 调味料

甘蔗汁…………300毫升

● 做法

1. 将哈密瓜上方约1/3处切下作为瓜盖（可用刀具作简单的果雕），挖出下方哈密瓜果盅内的果籽，再切除适量果肉，即成哈密瓜盅。

2. 将除哈密瓜外的所有材料和所有调味料放入锅中，以中火煮至滚沸，熄火备用。

3. 将做法2的汤汁和材料倒入哈密瓜盅内，盖上瓜盖放入蒸笼以中火蒸煮约20分钟即可。

208 | 贡丸汤

● 材料

大骨·················900克
贡丸·················300克
芹菜末·················适量
水·················3000毫升

● 调味料

盐·················1/2小匙
鸡精·················1/2小匙
胡椒粉·················少许
香油·················少许

● 做法

1. 大骨洗净，放入沸水中汆烫后，捞起冲水洗净沥干备用。
2. 取锅，加入水和大骨煮至滚沸，转小火煮90分钟后，沥出高汤备用。
3. 另取锅，倒入1200毫升高汤煮至滚沸，放入贡丸煮至熟透，加入调味料拌匀盛入碗中，撒上芹菜末和即可。

209 | 三丝丸汤

● 材料

三丝丸·················300克
冬菜·················适量
芹菜末·················适量
高汤·················1200毫升

● 调味料

盐·················1/2小匙
鸡精·················1/4小匙
胡椒粉·················少许

● 做法

1. 取锅，倒入高汤煮至滚沸，放入三丝丸煮至熟透，加入调味料拌匀，盛入碗中。
2. 食用前放入冬菜和芹菜末，撒上胡椒粉即可。

Tips 好汤有技巧

购买市售的丸子时可以先轻轻捏一下，看看丸子会不会凹陷，如果丸子是软软的手感，就代表不新鲜了。

210 | 苦瓜丸汤

● 苦瓜丸材料

白苦瓜1条、肉泥300克、鱼浆100克、淀粉适量

● 腌料

米酒1大匙、酱油少许、盐1/4小匙、糖1/4小匙、胡椒粉少许、淀粉少许、水2大匙

● 材料

苦瓜丸3个、高汤750毫升

● 调味料

盐1/4小匙、鸡精1/4小匙、香油少许

● 做法

1. 将肉泥和全部的腌料混合拌匀腌约15分钟，再加入鱼浆拌匀，摔打至有黏性即成内馅。
2. 白苦瓜洗净去头尾，切圈去籽备用。
3. 在白苦瓜圈内均匀抹上淀粉，再填入内馅，做成苦瓜丸，重复此步骤至内馅用完。
4. 取锅，加入水煮至滚沸，放入苦瓜丸以小火慢慢煮熟，捞出备用。
5. 另取锅，倒入高汤煮至滚沸，再放入苦瓜丸和所有调味料煮一下，盛入碗中即可。

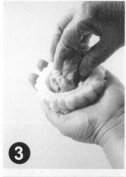

211 | 大黄瓜鱼丸汤

● 材料

鱼丸⋯⋯⋯约150克
大黄瓜块⋯⋯⋯300克
香菜⋯⋯⋯⋯⋯适量
水⋯⋯⋯⋯⋯600毫升
高汤⋯⋯⋯⋯200毫升

● 调味料

盐⋯⋯⋯⋯⋯1/2小匙
鸡精⋯⋯⋯⋯⋯少许
胡椒粉⋯⋯⋯⋯少许

● 做法

1. 取一汤锅，加入水及高汤，煮沸后放入大黄瓜块煮约15分钟，再加入鱼丸与盐、鸡精煮沸。

2. 煮至鱼丸浮起熟透后，放入胡椒粉与香菜即可。

212 | 豆腐丸子汤

● 材料

老豆腐1/4块、山药20克、鱼浆150克、鸡蛋（取一半蛋清）1个、低筋面粉1大匙、盐少许、糖1/2大匙、芹菜末适量、香油少许、水300毫升

● 调味料

柴鱼素1/3小匙、盐少许、胡椒粉少许

● 做法

1. 豆腐用餐巾纸擦干水分，再压成泥备用。

2. 山药磨成泥备用。

3. 将鱼浆与豆腐泥、山药泥混合搅拌均匀。

4. 在做法3的材料中加入蛋清、低筋面粉、盐、糖拌匀后，以手挤成丸子状。

5. 煮一锅水，放入好的丸子煮开，再转小火煮至丸子浮起后捞出。

6. 另取一锅，将所有调味料煮开，放入丸子略煮一会儿，再盛入碗中，撒上芹菜末、滴入香油即可。

213 | 福菜丸子汤

● 材料

猪肉泥200克、姜末1/4小匙、福菜20克、西葫芦100克、虾米1大匙、蛋清1大匙、水500毫升

● 调味料

A 盐1/2小匙、糖1/4小匙、胡椒粉1/4小匙、淀粉1/2小匙
B 盐1/2小匙、鸡精1/4小匙

● 做法

1. 西葫芦洗净切条；虾米洗净；福菜洗净、切末，备用。
2. 猪肉泥中加入调味料A的盐，放入盆内搅拌成团，再加入其余调味料A及蛋清拌匀，最后加入姜末、福菜末拌匀，备用。
3. 取一砂锅，放入西葫芦条、虾米，水煮沸，再将做法2的材料用手挤成丸子状，放入砂锅中以小火煮约5分钟，起锅前加入调味料B拌匀煮沸即可。

214 | 馄饨汤

● 材料

馄饨适量、猪龙骨1000克、扁鱼干10片、虾干60克、黄豆芽200克、水6000毫升、姜片4片

● 调味料

盐2小匙、鸡精粉1.5大匙、细糖1大匙

● 做法

1. 扁鱼干用烤箱以150℃的温度烤至微焦备用。
2. 虾干、黄豆芽洗净后沥干水分备用。
3. 取一汤锅，将水煮至滚沸后放入猪龙骨，汆烫后捞起、沥干洗净备用。
4. 另取一汤锅，先放入猪龙骨、扁鱼干及姜片，再加入水和虾干、黄豆芽，转大火煮至滚沸。
5. 汤锅转小火，让其呈微沸状态，且随时捞起浮于汤上的浮油及泡沫。
6. 待高汤沸腾约2小时，锅内剩下约3000毫升的高汤时即可熄火。
7. 取一细滤网，将高汤过滤。
8. 高汤内加入调味料，稍微搅拌后即加入馄饨煮熟即可。

215 | 花莲扁食汤

● 材料

A 五花肉泥300克、鸡蛋1个、红葱酥2大匙、白酱油1大匙、香油1大匙、盐1/4小匙、水30毫升
B 馄饨皮150克、小白菜6棵、细芹菜末20克、高汤2400毫升

● 调味料

鸡精1大匙、香油1大匙、盐1/2大匙

● 做法

1. 将材料A全部放入盆中搓揉摔打至肉有黏性后，再放入冰箱冷藏腌渍约30分钟至入味，即为肉馅；材料B的小白菜切3厘米长的段备用。
2. 取1张馄饨皮，包入适量肉馅，对折固定封口即为生的扁食，重复上述步骤至材料用完。
3. 将扁食放入沸水中煮约2分钟至熟，加入小白菜一起煮至水再度滚沸后，捞出放入大汤碗中备用。
4. 将材料B的高汤煮沸回淋至大汤碗中，加上香油及细芹菜末即可。

CREAM SOUP

香浓味醇

浓汤&羹汤篇

浓汤是指经过长时间熬煮，将精华都融入汤中，或是加入奶油、奶酪甚至将食材打成泥料理而成的浓稠风味的汤品。而羹汤是指经过勾芡，让汤汁呈现微微黏稠滑润口感的汤品。两种汤味道都浓郁醇厚，在寒冷的冬天里来一碗绝对会有满满的幸福感。

浓汤&羹汤——
美味关键

1 炖煮时间和火力大小都要适当

炖煮的时间不是越长就越好，大部分汤品最理想的炖煮时间是1~2小时，有些肉类为主的汤品可至2~3小时，但如果汤中有叶菜类就不宜煮太久。此外，在小火慢煮的过程中，切忌火力忽大忽小，否则容易造成食材粘锅而破坏美味。

2 西式浓汤要配对高汤才对味

奶味重的浓汤适合白汤(大骨高汤)，海鲜类的浓汤适合鱼高汤。如果你希望煮一锅高汤可料理多种浓汤的话，建议选择白汤与鸡高汤，这两种高汤比较适用于多种不同风味的浓汤中；而鱼高汤与牛高汤因为味道较具特色，不建议随意搭配。

3 汤滚沸后再勾芡

羹汤勾芡的时候，一定要等汤滚沸之后才可以淋入芡汁，以免因为水的温度不够，造成芡粉沉淀或结块，而滚沸的状态也有助于芡汁快速散开，这样煮出的羹汤会更均匀滑顺。

浓汤必备材料

油品

　　制作浓汤可使用的油有3种，分别是奶油、橄榄油与菜油。奶油所做出的浓汤味道最香，口感也最浓，是最正统的浓汤用油。而橄榄油所做成的浓汤，虽然没有奶油这么香浓，却有另一番清爽而不腻的爽口风味。菜油则是泛指一般常用的烹调用油，如大豆色拉油、葵花油、芥花油等，或是以这类油调配而成的蔬菜油，这类油也可以用来制作浓汤，如果家中不常使用奶油或橄榄油，则现有的菜油是最方便的选择。

面糊

　　面糊是使浓汤浓稠的快速帮手，使用的方法与中式烹调中的勾芡手法相同，不同的是因为面糊是以低筋面粉用油炒出来的，所以做出来的汤汁不像以淀粉勾芡的汤汁这么清澈。面糊的做法是以3份的低筋面粉与1份的油和匀，以小火炒至充分均匀细致即可。使用不同的油炒出来的面糊颜色也会不同，一般来说以奶油炒出来的面糊颜色为浅黄，而以橄榄油或菜油炒出来的面糊颜色会略带咖啡色。炒好的面糊冷却后密封好放入冰箱冷藏可保存约1个月。

奶酪

　　奶酪可以同时增加浓汤的香味与浓稠口感，在使用上有直接加入汤中煮和最后撒在汤上2种。加入汤里煮可以增加汤的香味与浓稠度，而撒在汤上则可以使奶酪本身的香味更浓郁且明显，同时可利用奶酪增添外观与口感的变化。最好选择能融入汤汁中的硬质奶酪，有些软质奶酪也适合使用在浓汤上，而其他如披萨奶酪或是三明治奶酪片这类奶酪，因为不能融入汤汁，故不适合用来制作浓汤。浓汤常用的奶酪有康门贝尔、切达、帕马森等。

香料

　　香料在西式烹调上的使用非常广泛，在浓汤的制作上更是不可或缺的香味小帮手，从熬煮高汤开始，就可使用香料来增添与变化不同的风味。这类西式香料中，常见的单品，例如迷迭香、百里香、欧芹等都可以买得到新鲜的，味道上比干制的更浓郁。其他常用的香料，如意大利综合香料、匈牙利红椒粉、香叶则以罐装干品为主。

羹汤这样做才美味

【日本淀粉】
　　日本淀粉是用土豆淀粉制成的白色粉末，勾芡的效果最佳，透明度高、浓稠感适中。

【传统淀粉】
　　传统淀粉是用树薯淀粉制成的白色粉末，颜色比日本淀粉略灰白一些，颗粒也较粗，是勾芡最常用的芡粉。

【绿豆粉】
　　勾芡用的绿豆粉是用绿豆淀粉制成的浅乳白色粉末，与一般糕点所使用颜色较绿的绿豆粉不同，虽可用于羹汤的勾芡但透明度较差。

【藕粉】
　　藕粉是用莲藕淀粉制成的浅粉红色粉末，勾芡后汤的浓稠度较高，口感也更加柔嫩滑顺。

【地瓜粉】
　　地瓜粉是用地瓜淀粉制成的白色粉末，颗粒更加粗大，吸水率较低，勾芡后汤的浓稠度较不易掌握，口感也会比较黏稠。

勾芡技巧总整理

　　不论使用哪一种芡粉，勾芡时的技巧都一样，只要注意以下4点，就能做出满意的羹汤。

【技巧1：芡粉和水的比例】
　　芡粉和水的调制比例为粉1水1.2~1.5，为了不将羹汤的味道冲淡，通常会采用水1.2倍的比例。

【技巧2：汤滚了才淋入】
　　当羹汤煮开的时候才可以开始淋入芡粉水，滚沸的状态可以帮助芡粉水快速散开，避免沉入锅底结块。

【技巧3：淋入时须搅拌】
　　为了让芡粉水与羹汤快速混合均匀，在淋入的同时必须不断的搅拌，不过要注意芡粉水全部加入之后就不能再过度搅拌。

【技巧4：稠度适中即可】
　　每一次制作时未必都使用相同的芡粉水量，也许因为火力些许的差异就会使羹汤的分量有所不同，所以每次勾芡时除了要注意比例之外，也要实际观察羹汤的浓稠度，即使芡粉水还未完全加入，如果汤的稠度已经够了，就要停止加入。

216 | 罗宋汤

● 材料

牛腱··················600克
番茄····················2个
土豆····················1个
圆白菜··············150克
西芹····················1棵
番茄糊··············2大匙
水··················1000毫升

● 调味料

盐····················1小匙

● 做法

1. 将牛腱切块，放入沸水中汆烫，洗净备用。

2. 将土豆去皮，番茄洗净，都切成滚刀块备用。

3. 圆白菜洗净切小块，西芹去皮切段备用。

4. 将所有材料放入汤锅中，加入水，以小火煮3.5小时，再加番茄糊和盐调味，继续煮30分钟即可。

217 | 玉米浓汤

● 材料

罐头玉米酱	1罐
罐头玉米粒	1/2罐
火腿末	1大匙
洋葱末	3大匙
高汤	600毫升
水淀粉	1.5大匙

● 调味料

盐	1小匙
白胡椒粉	1/4小匙

● 做法

1. 锅烧热，倒入少许色拉油，放入洋葱末以小火炒至软化。
2. 倒入高汤和所有调味料，煮沸后加入玉米粒和玉米酱拌匀。
3. 待汤煮沸后，淋入水淀粉勾芡。
4. 食用前撒上火腿末即可。

218 奶油玉米汤

● 材料
奶油·················· 10克
面粉·················· 5克
牛奶·················· 30毫升
水·················· 400毫升
玉米酱·················· 50克

● 调味料
盐·················· 1/4小匙

● 做法
1. 将奶油、面粉放入平底锅中，以小火拌匀。
2. 在平底锅中慢慢加入水拌匀，煮沸后倒入牛奶和玉米酱混合均匀，再加入调味料即可。

Tips 好汤有技巧 ··············
加入面粉是为了增加汤的浓稠感，所以高筋、中筋、低筋的面粉都可以。

219 蘑菇浓汤

● 材料
蘑菇丁·················· 100克
西芹块·················· 10克
洋葱块·················· 20克
土豆块·················· 50克
高汤·················· 500毫升
色拉油·················· 少许

● 调味料
盐·················· 1/4小匙

● 做法
1. 锅内倒入少许色拉油，将蘑菇丁、西芹块、洋葱块放入锅中炒香后，再加入土豆块。
2. 锅中倒入高汤，煮沸后转小火熬煮约15分钟，煮至土豆块软化。
3. 将做法2全部食材倒入搅拌机中搅打均匀，再倒入锅中，煮沸后加入调味料即可。

酥皮海鲜浓汤

● 材料

去骨鱼肉…………80克
乌贼肉…………50克
虾仁…………50克
蛤蜊…………80克
洋葱末…………30克
胡萝卜…………20克
土豆…………50克
口蘑…………30克
牛油或奶油………1大匙
鲜奶…………100毫升
水…………400毫升
面粉…………1大匙
市售酥皮…………1张
蛋黄液…………少许

● 调味料

盐…………1/2小匙

● 做法

1. 将牛油放入锅中以小火烧融，加入面粉略炒至均匀吸收，盛出备用。

2. 鱼肉、乌贼肉切片和虾仁一起放入沸水中汆烫，捞出洗净；蛤蜊泡入水中使其吐净泥沙后洗净备用。

3. 白萝卜、胡萝卜、土豆均洗净、去皮切丁；口蘑洗净切片备用。

4. 锅中倒入少许油烧热，放入洋葱末、口蘑片以小火炒至呈浅黄色，加入400毫升水，放入做法1和做法2的其余所有食材，以小火煮15分钟，加入鲜奶及盐继续煮至再次滚开，再慢慢加入做法1中的面糊使汤汁浓稠后盛入烤碗中。

5. 当烤碗内材料降温至不烫手后，将酥皮盖在烤碗上并在表面刷上蛋黄液，移入预热好的烤箱以200℃的温度烤约15分钟即可。

221 南瓜海鲜浓汤

● 材料

去皮南瓜............300克
鲜鱼肉..............100克
高汤................300毫升
洋葱末..............2大匙
鲜奶油..............1大匙

● 调味料

盐..................1小匙
黑胡椒粉............适量

做法

1. 取去皮南瓜2/3的分量蒸至熟烂,取出压成泥,
   其余的1/3分量切丁备用。

2. 锅烧热,倒入2小匙色拉油,放入洋葱末,以小
   火炒软,再加入南瓜丁略炒。

3. 倒入高汤和南瓜泥,以小火煮沸,加入盐调
   味,倒入碗中备用。

4. 鲜鱼肉切丁,加入淀粉及1/4小匙盐(分量外)
   略腌,放入沸水中烫熟后,放至做法3的碗
   中,再淋入鲜奶油、撒上黑胡椒粉即可。

222 蟹肉南瓜汤

● 材料

南瓜	350克
蟹腿肉	50克
洋葱	1个
蒜头	5颗
高汤	700毫升
欧芹碎	少许

● 调味料

白胡椒粉	少许
奶油	1大匙
盐	少许

● 做法

1. 南瓜洗净去皮、籽，再切成块备用。

2. 蟹腿肉挑壳洗净；洋葱洗净切成丝；蒜头切片备用。

3. 取一个汤锅，加入一大匙色拉油（材料外），再加入南瓜块、洋葱丝和蒜片，炒香后继续加入所有调味料，翻炒均匀。

4. 锅中加入高汤，以中火煮约20分钟。

5. 将南瓜汤倒入搅拌机中打成泥状。

6. 在南瓜汤中加入蟹腿肉，以中火煮沸即可。

223 洋葱汤

● 材料

洋葱·················500克
奶油·················40克
蒜末·················10克
百里香··············少许
水················800毫升
法式面包············适量
欧芹·················少许

● 调味料

白酒··············15毫升
鲜鸡精···············6克
盐···················少许
胡椒粉··············少许

● 做法

1. 洋葱洗净，去皮切丝备用。

2. 热锅放入奶油，以中小火烧至融化，加入蒜末炒出香味，再加入洋葱丝慢慢翻炒至洋葱呈浅褐色。

3. 沿锅边淋入白酒，翻炒几下后加入水及所有调味料拌匀，继续煮约15分钟，熄火盛出。

4. 法式面包切小丁，放入烤箱中温烤至略呈黄褐色，取出撒在盛出的汤中，再撒上少许欧芹即可。

Tips 好汤有技巧

洋葱有国产和进口两种，国产洋葱形状椭圆，颜色较浅，肉质也较软。不论哪一种洋葱，挑选时都以形状完整，表皮光滑，没有破损、发黑、局部变软情况者为佳。

224 | 洋葱鲜虾浓汤

● 材料

洋葱500克、虾仁100克、法式面包2片、蒜末1/2小匙、面粉1.5大匙、水600毫升、干燥百里香1/4小匙、帕玛森奶酪粉适量、黑胡椒粉适量

● 调味料

盐1茶小匙、鸡精1/2小匙、细砂糖1小匙

● 做法

1. 洋葱切丝平铺在烤盘上，放入预热至200℃的烤箱中，烤至微黄，在此期间翻动2次。

2. 锅烧热，倒入2大匙色拉油，放入蒜末和洋葱丝，以小火炒3分钟，加入细砂糖炒至呈浅棕色，再加入面粉炒匀。

3. 将水慢慢加入锅中并不断搅拌，加入百里香、盐和鸡精煮10分钟，再盛入碗内。

4. 将法式面包切丁放入烤箱中烤脆，和烫熟的虾仁一起放入做法3的碗中，食用时再撒上适量的帕玛森奶酪粉及黑胡椒粉即可。

225 | 法式洋葱汤

● 材料

培根20克、洋葱30克、法式面包1片、奶油1大匙、牛肉泥30克、面粉1大匙、高汤400毫升、奶酪丝少许、欧芹少许、罗勒少许

● 调味料

盐1/4小匙、黑胡椒末少许

● 做法

1. 培根切丁备用；洋葱切丝备用。

2. 法式面包切丁后，放入180℃的烤箱中烤6分钟，烤至酥脆后取出备用。

3. 取一炒锅，在锅中加入奶油，以小火爆香培根、洋葱，再加入牛肉泥炒至变色后，加入面粉拌炒。

4. 锅中倒入高汤，以大火煮开后加入所有的调味料。

5. 盛入碗中时，再加入面包丁、奶酪丝、欧芹、罗勒即可。

226 | 土豆浓汤

● 材料

培根··············· 2片
土豆··············· 2个
洋葱··············· 1/2个
西芹··············· 1棵
蒜头··············· 3颗
蒜苗··············· 1根
高汤···········700毫升
炸红葱头片·········少许
百里香··············1小匙

● 调味料

黑胡椒粉··········少许
豆蔻粉············1小匙
奶油··············1大匙
鲜奶···········50毫升
盐················少许

● 做法

1. 培根切成小片备用。
2. 土豆洗净去皮切丁；洋葱、西芹、蒜头、蒜苗都洗净切成小丁备用。
3. 热锅，加入培根以中火爆香，再加入做法2的所有材料和所有调味料，以中火翻炒均匀。
4. 锅中倒入清高汤，盖上锅盖，以中火煮约20分钟。
5. 将土豆汤倒入榨汁机打成泥状，倒入锅中以中火煮沸，起锅时放入炸红葱头片和欧芹（材料外）作装饰即可。

227 土豆菠菜汤

材料
土豆……100克
菠菜……100克
熟鸡肉……50克
奶油……30克
鲜奶……100毫升
鸡高汤……500毫升
（做法参考P16）

调味料
匈牙利红椒粉……1/2小匙
盐……1/2小匙
面糊……1小匙

做法
1. 将土豆洗净，去皮后切小丁；菠菜整棵洗净。
2. 将鸡高汤倒入锅中以大火煮开，加入土豆粒和菠菜继续煮约5分钟后，捞出菠菜冲凉，切碎备用。
3. 将熟鸡肉、奶油、鲜奶、匈牙利红椒粉和盐放入锅中以小火煮约15分钟，取出熟鸡肉切成丝。
4. 将面糊慢慢加入锅中，以小火煮至浓稠后盛碗，再撒上切好的菠菜丝及熟鸡肉丝即可。

228 波士顿浓汤

材料
土豆1/2个、水100毫升、奶油30克、香叶1片、蒜碎10克、洋葱丝50克、熟鸡肉丁50克、芹菜珠2克、低筋面粉14克、蔬菜高汤300毫升（做法参考P20）、鲜奶100毫升

调味料
盐少许、糖少许

做法
1. 土豆加水，用榨汁机打成汁备用。
2. 取一平底锅，用小火将奶油烧至融化，放入香叶、蒜碎、洋葱、鸡肉丁、芹菜珠、低筋面粉，以小火炒约5分钟至香味溢出。
3. 依序将蔬菜高汤、鲜奶、土豆汁加入锅中，拌匀煮开后继续煮5分钟，再以盐、糖调味即可。

229 卡布奇诺蘑菇汤

● 材料

培根·····················2片
蘑菇···················150克
洋葱··················1/3个
蒜头·····················2颗
土豆·······················1个
吐司面包············1/2片
高汤···············600毫升
欧芹碎··············少许
西式香料············1小匙
香叶·····················2片

● 调味料

黑胡椒粉············少许
奶油···················1大匙
盐·····················少许

● 做法

1. 培根切片；蘑菇洗净切片；洋葱、蒜头切碎；土豆去皮切丁备用。

2. 吐司面包烤酥后切块备用。

3. 取一个汤锅，加入2大匙色拉油（材料外），再加入做法1的所有材料，以中大火爆炒均匀。

4. 锅中加入所有调味料，翻炒均匀后，倒入高汤，盖上锅盖，以中火煮约20分钟。

5. 将做法4的汤倒入榨汁机，打成泥状，倒入汤锅以中火煮沸，起锅时加入吐司面包块与香芹碎即可。

230 | 乡村浓汤

● 材料

A 奶油30克、香叶1
片、洋葱丝50克
B 圆白菜丝50克、口蘑
40克、胡萝卜丝30
克、火腿丝40克、
番茄酱1大匙、番茄
碎1大匙、低筋面粉
14克
C 牛骨高汤600毫升
（做法参考P17）

● 调味料

盐少许、黑胡椒粉(粗)
少许、糖少许

● 做法

1. 取一平底锅，用小火将奶油烧至融化，放入香
叶、洋葱丝以小火炒约5分钟至香味溢出。
2. 依序将材料B加入锅中炒约3分钟后，加入牛
骨高汤，以小火拌匀煮开，再加入所有调味料
调味即可。

231 | 美式花菜浓汤

● 材料

奶油30克、香叶1片、
洋葱50克、芹菜末2
克、西蓝花2朵、鸡肉
50克、火腿20克、低
筋面粉14克、鸡高汤
500毫升（做法参考
P16）、鲜奶100毫
升、炸土司丁10克

● 调味料

盐少许、糖少许

● 做法

1. 洋葱、火腿切丁；鸡肉切小丁备用。
2. 取一平底锅，用小火将奶油烧至融化，放入香
叶、洋葱丁、鸡肉丁、低筋面粉以小火炒约5
分钟至香味溢出。
3. 依序将火腿丁、鸡高汤、鲜奶、芹菜末加入锅
中混拌均匀，煮开后再加入西蓝花，并以调味
料调味，最后撒上炸土司丁即可。

232 | 蛤蜊巧达汤

● 材料

蛤蜊300克、洋葱1/4个、胡萝卜20克、西芹30克、土豆100克、培根20克、奶油30克、鱼高汤800毫升（做法参考P17）、鲜奶油100毫升、欧芹碎少许、百里香少许、香叶1片

● 调味料

白酒少许、伍斯特郡辣酱1/2小匙、面糊2大匙

● 做法

1. 将蛤蜊泡在水中使其吐净泥沙后洗净；洋葱去皮洗净，切碎备用。
2. 将胡萝卜、土豆去皮、洗净，西芹洗净，与培根一起切成小粒备用。
3. 锅中放入奶油烧融后，加入碎洋葱以小火炒至变软，再加入白酒、百里香、香叶和鱼汤一起煮匀。
4. 将蛤蜊放入锅中，煮至蛤蜊微开后，捞出，取蛤蜊肉备用。
5. 将做法2的所有材料放进锅中，以小火煮约30分钟后加入鲜奶油，再慢慢加入面糊煮至浓稠，淋入伍斯特郡辣酱，撒上蛤蜊肉，最后以欧芹碎点缀即可。

233 | 巧达鱼汤

● 材料

带骨三文鱼400克、土豆100克、洋葱100克、胡萝卜30克、鲜奶100毫升、奶油40克、鱼高汤800毫升（做法参考P17）、火腿粒20克、香叶1片、百里香1/4小匙

● 调味料

胡椒粒5克、盐1小匙、面糊1小匙

● 做法

1. 带骨三文鱼洗净，取鱼肉切粒，鱼骨留下备用。
2. 将土豆、胡萝卜、洋葱均洗净，去皮后切小丁。
3. 奶油放入锅中烧融，加入一半的洋葱与三文鱼骨，以大火炒出香味，再加入鱼高汤、香叶、百里香和胡椒粒，改中火继续煮约20分钟，过滤出汤汁。
4. 将汤汁倒入锅中以中火煮开，加入三文鱼粒、土豆、胡萝卜、另一半洋葱、鲜奶和盐继续煮至滚沸后，再慢慢加入面糊以小火煮至浓稠，最后撒上火腿粒即可。

234 意式番茄
口蘑浓汤

● 材料

原粒番茄罐头·····200克
口蘑··············80克
洋葱·············100克
土豆·············100克
火腿末············30克
蒜末············1/2小匙
帕玛森奶酪粉·······适量
市售鸡高汤·····350毫升
水··············300毫升

● 调味料

盐·············1/2小匙
番茄糊·············1大匙

● 做法

1. 土豆、洋葱去皮切末，
   洋葱和口蘑切片备用。
2. 将原粒番茄压烂备用。
3. 锅烧热，倒入1大匙色
   拉油，放入蒜末、火腿
   末以及做法1、做法2
   的所有材料和所有调味
   料，以小火炒5分钟。
4. 加入水和市售鸡高汤，
   以小火煮20分钟，食
   用时撒上帕玛森奶酪粉
   即可。

235 | 辣番茄汤

● 材料

熟鸡肉·················50克
番茄·····················3个
红辣椒·················3个
洋葱·····················50克
鸡高汤·············600毫升
（做法参考P16）
欧芹碎·················少许

● 调味料

盐·····················1/2小匙
面糊·····················1小匙

● 做法

1. 将番茄洗净，以开水烫过后去皮、切碎；红辣椒洗净去籽后切碎；洋葱洗净去皮后切碎。

2. 将做法1的所有材料、熟鸡肉与鸡汤放入汤锅中同煮，以小火煮约30分钟后，捞出熟鸡肉切丝。

3. 加盐调味，再慢慢加入面糊以小火煮至浓稠，盛入碗中撒上鸡肉丝即可。

Tips 好汤有技巧

番茄天然的酸甜味道可以使辣味变得很柔和顺口，以鲜红色的牛番茄或脱皮番茄最适合，但如果家中有现成的其他品种的番茄，也可用来制作辣番茄汤。

236 | 拿波里浓汤

● 材料

A 奶油30克、香叶1片、洋葱丝50克、牛肉泥50克

B 胡萝卜丝30克、番茄酱1大匙、番茄碎1大匙、低筋面粉14克

C 牛骨高汤600毫升（做法参考P17）、熟通心面50克、欧芹碎1/4小匙

● 调味料

盐少许、黑胡椒粉(粗)少许、糖少许

● 做法

1. 取一平底锅，用小火将奶油烧至融化，放入香叶、洋葱丝、牛肉泥以小火炒约5分钟至香味溢出。
2. 依序加入所有材料B，拌炒约3分钟后，加入牛骨高汤，以小火拌煮至滚沸，加入调味料调味，再加入熟通心面，最后撒上欧芹碎即可。

237 | 奶油胡萝卜汤

● 材料

胡萝卜200克、洋葱1/3个、西芹2棵、蒜头2颗、吐司面包1片、高汤700毫升、西式香料1大匙、香叶1片

● 调味料

黑胡椒粉少许、豆蔻粉1小匙、鲜奶油30毫升、奶油1大匙、盐少许

● 做法

1. 胡萝卜、洋葱、西芹洗净切成小丁；蒜头切片备用。
2. 吐司面包烤酥后切块备用。
3. 取一个炒锅，加入2大匙色拉油，再加入做法1的所有材料，以中火炒香后，加入所有调味料及西式香料、香叶，继续炒均匀。
4. 锅中倒入高汤，盖上锅盖，以中火煮约20分钟。
5. 将胡萝卜汤倒入榨汁机打成泥后，倒入锅中以中火煮开，起锅时再加入吐司面包块作装饰即可。

238 | 胡萝卜茸汤

● **材料**

胡萝卜············200克
土豆··············60克
洋葱··············40克
西芹··············20克
奶油··············50克
鸡高汤·········600毫升
（做法参考P16）
巴西里碎·········少许

● **调味料**

番茄酱···········2小匙
盐···············1/2小匙

● **做法**

1. 将胡萝卜、土豆、洋葱
   均去皮，与西芹一起洗
   净、切丁。

2. 汤锅中放入奶油烧融，
   加入做法1所有材料，
   以小火炒约1分钟后，
   倒入鸡高汤，以小火煮
   约25分钟。

3. 将做法2的材料倒入榨
   汁机中打成泥，再倒回
   原锅中，加入番茄酱和
   盐再次煮沸即可。

Tips 好汤有技巧

　　胡萝卜的纤维比较紧密，打泥时可以稍
微搅打长一点的时间（但也不要搅打太久使
营养流失），让颗粒更细一点，这样做出来
的浓汤喝起来才不会有粗糙的、有渣的感觉。

239 匈牙利牛肉汤

● 材料

牛肉300克、薏米50克、胡萝卜50克、番茄1个、洋葱1/2个、蒜头3个、小葱1根、高汤800毫升、香叶2片

● 调味料

匈牙利红椒粉1小匙、黑胡椒粉少许、番茄酱2大匙、奶油1大匙、盐少许

● 做法

1. 牛肉切块备用。
2. 薏米洗净，以水泡约3小时备用。
3. 胡萝卜、番茄、洋葱洗净切块；蒜头切片；小葱洗净切碎备用。
4. 起一个油锅，加入做法3的所有材料，以中火爆香。
5. 锅中加入牛肉块翻炒均匀，再加入薏米与所有调味料、香叶。
6. 锅中加入高汤，盖上锅盖，以中火煮约25分钟即可。

Tips 好汤有技巧

此汤所加的是西式红椒粉，而不是一般的红辣椒粉，因为这道汤只需要有点红颜色即可，而不是让味道变辣。此外，红椒粉量不要加太多，否则会让汤变苦。

240 | 咖喱海鲜浓汤

● 材料
鲷鱼片100克、草虾4只、蛤蜊100克、洋葱1/3个、小葱1根、蒜头3个、土豆1个、鱼高汤700毫升（做法参考P17）

● 调味料
A 白胡椒粉少许、咖喱粉2大匙、牛奶30毫升、盐少许、糖1小匙
B 奶油1大匙、面粉2大匙

● 做法
1. 鲷鱼片洗净切小丁；草虾洗净剪须开背去沙筋；蛤蜊以盐水泡20分钟后洗净备用。
2. 洋葱、小葱、蒜头、土豆都洗净切成小丁备用。
3. 取汤锅，加入1大匙色拉油（材料外），再加入做法2的所有材料炒香后，继续加入调味料A，翻炒均匀。
4. 锅中倒入鱼高汤，盖上锅盖，以中火煮约15分钟，再加入做法1的所有海鲜料，盖上锅盖继续焖煮5分钟。
5. 加入调味料B，煮至浓稠即可。

241 | 海鲜苹果盅

● 材料
A 鳕鱼块200克、洋葱末80克、芹菜末适量、水淀粉适量
B 青苹果丁150克、虾仁70克、蛤蜊80克、鲜香菇丁30克、胡萝卜丁20克、小黄瓜丁40克

● 调味料
奶油50克、鲜奶1000毫升、盐1/2小匙、米酒30毫升

● 做法
1. 起一炒锅，爆香洋葱末，加入所有调味料拌匀后，再加入鳕鱼块与材料B，一同煮至蛤蜊开壳，即用水淀粉勾芡。
2. 食用时装入合适容器中，再撒上芹菜末即可。

> **Tips 好汤有技巧** …………………
>
> 这道浓汤烹煮前须先除掉鱼的刺与骨，这种做法适合使用大型鱼，以肉质软嫩、刺少的鱼种为佳，如鳕鱼、鲇鲀鱼、三文鱼等。

242 鸡肉鲜奶汤

● 材料

鸡肉	100克
口蘑	50克
鸡蛋	2个
细葱	1根
香芹	1棵
奶油	50克
面粉	1小匙
高汤	500毫升
鲜奶油	100毫升

● 调味料

盐	1小匙

● 做法

1. 鸡肉洗净后，放入锅中煮熟，取出切粒；口蘑洗净切末；细葱洗净切小段；香芹洗净切末备用。

2. 将鸡蛋洗净，放入锅中并加入足量冷水，以大火煮开后再以小火煮约10分钟，取出鸡蛋冲水冷却，剥壳后切碎。

3. 将奶油放入锅中烧融，加入细葱以小火炒至香味出现后，再加入面粉继续炒至微黄，最后倒入高汤一边搅拌一边煮至均匀。

4. 将鸡肉、口蘑末和鲜奶油、盐加入锅中，以小火保持微沸的状态煮约15分钟后盛出，撒上香芹末即可。

243 | 西蓝花乳酪汤

● 材料

西蓝花200克、洋葱80克、土豆100克、胡萝卜50克、熟鸡肉80克、切达奶酪180克、奶油50克、高汤1000毫升、鲜奶100毫升

● 调味料

盐1茶匙

● 做法

1. 将西蓝花去除粗茎，洗净切小朵；熟鸡肉切丁；切达奶酪刨丝。
2. 将洋葱、土豆、胡萝卜均洗净，去皮切丁。
3. 将奶油放入锅中烧融，加入洋葱丁以小火炒至变软，再加入胡萝卜丁和土豆丁继续炒至均匀。
4. 锅中加入高汤，以中火煮约15分钟，再加入西蓝花、鸡肉丁、鲜奶及150克的奶酪丝，继续煮约10分钟后加入盐调味盛起。
5. 撒上30克的奶酪丝即可。

244 | 玉米翠绿浓汤

● 材料

上海青叶	30克
香菜叶	30克
玉米酱	400毫升
新鲜玉米粒	150克
水	300毫升
牛奶	200毫升
动物性鲜奶油	50毫升
奶油	20克

● 调味料

盐	少许
胡椒粉	少许
鲜鸡精	少许

● 做法

1. 将上海青叶与香菜叶洗净，撕成小片，放入榨汁机中，加入100毫升水与少许盐搅打成泥，倒出备用。
2. 热锅放入奶油，以小火烧融，再倒入青菜泥拌炒均匀，加入200毫升水以大火煮开，加入玉米酱、新鲜玉米粒、牛奶与动物性鲜奶油煮开，最后以盐、胡椒粉、鲜鸡精调味即可。

245 | 豆茸汤

● 材料

豌豆·······················150克
培根·······················20克
土豆·······················50克
洋葱·······················50克
西芹·······················30克
胡萝卜·····················30克
鸡高汤··············500毫升
（做法参考P16）

● 调味料

盐···················1/2茶匙

● 做法

1. 将培根洗净、切细条；土豆、洋葱、胡萝卜均去皮，与西芹一起洗净、切小块。

2. 将做法1所有材料和鸡高汤、豌豆一起放入汤锅中以中火煮约20分钟。

3. 将胡萝卜和西芹捞出，其余材料放入调理机打成泥后，再倒回锅中煮沸即可。

Tips 好汤有技巧

豌豆如果能先去皮，做出来的浓汤口感会更细致，去皮的方法是：先汆烫一下，再放入冷水中以双手轻轻搓揉，换水，待外皮浮起后捞掉即可。

246 | 鲜虾菠菜浓汤

● **材料**

菠菜50克、高汤250毫升、奶油1/2大匙、洋葱末1大匙、口蘑末1大匙、面粉1大匙、鲜奶油50毫升、虾仁30克、奶酪粉少许、罗勒1片

● **调味料**

盐1/4小匙

● **做法**

1. 将菠菜和高汤一起放入搅拌机内打成菠菜汁后取出备用。

2. 取一炒锅，在锅中以小火将奶油烧融后，放入洋葱末、口蘑末炒香，再放入面粉继续炒香。

3. 加入鲜奶油、菠菜汁、虾仁，以小火煮约5分钟至呈浓稠状后加入盐调味，再倒入碗中，最后撒上奶酪粉、加入罗勒作装饰即可。

Tips 好汤有技巧 ·············

如果希望汤的颜色更绿一点，全部用菠菜叶打成汁就可以达到！

247 | 西琼脂鸡茸汤

● **材料**

鸡胸肉300克、西琼脂200克、牛油或奶油1大匙、鲜奶100毫升、面粉1大匙、水600毫升

● **调味料**

盐1/2小匙

● **做法**

1. 将牛油放入锅中以小火烧融，加入面粉略炒至均匀吸收即成面糊，盛出备用。

2. 鸡胸肉洗净，沥干水分后剁成鸡茸备用。

3. 西琼脂洗净，放入600毫升沸水中以小火煮20分钟，捞出泡入冷水中，冷却后切成细末，汤汁留下备用。

4. 将汤汁以中小火煮开，先加入盐煮匀，再将鸡蓉慢慢加入并立刻搅散，再加入鲜奶煮匀后慢慢加入面糊，待汤汁浓稠后加入西琼脂末即可。

248 | 牛尾汤

● 材料

牛尾500克、西芹100克、胡萝卜150克、土豆150克、洋葱100克、奶油80克、牛骨高汤5000毫升（做法参考P17）、巴西里碎少许

● 调味料

番茄糊4小匙、红酒100毫升、意大利综合香料1/2小匙、盐2小匙、面糊3小匙

● 做法

1. 将牛尾洗净，切块。

2. 将土豆、胡萝卜去皮，与西芹一起洗净后切小丁；洋葱洗净，去皮后切大片。

3. 奶油放入锅中烧融，加入牛尾块以大火炒至变色，再加入做法2的所有材料改中火继续炒约3分钟。

4. 将番茄糊放入锅中以小火炒约3分钟，再加入牛骨高汤、红酒、意大利综合香料拌匀，移入高压锅煮约90分钟至熟透。

5. 取出牛尾块并且去骨、切粒后，放回汤锅中以盐调味，再慢慢加入面糊以小火煮至浓稠即可。

185

249 | 芦笋浓汤

● 材料

芦笋·····················20克
高汤·················250毫升
火腿·····················1片
奶油···················1/2大匙
洋葱末···················1大匙
面粉·····················1大匙
鲜奶油·················50毫升
罗勒·····················1片

● 调味料

盐·················1/4小匙

● 做法

1. 取10克芦笋加入高汤一起放入榨汁机内打成芦笋汁后取出备用；另外10克的芦笋切段备用；火腿切丝备用。
2. 取一炒锅，在锅中以小火加热奶油后，放入洋葱末炒香，再放入面粉继续炒香。
3. 加入鲜奶油、芦笋汁、芦笋段、火腿丝，以小火煮约5分钟煮至稠后加入盐调味即可。

250 | 鲜牡蛎浓汤

● 材料

鲜牡蛎150克、洋葱50克、口蘑50克、土豆60克、胡萝卜20克、奶油20克、面粉2大匙、鲜奶油1/2大匙、水500毫升

● 调味料

白酒少许、盐少许、胡椒粉少许

● 做法

1. 鲜牡蛎洗净沥干水分后，放入沸水中氽烫一下即取出备用。
2. 洋葱、口蘑、土豆、胡萝卜均洗净切成小片备用。
3. 取一炒锅放入奶油，待奶油融化后，放入洋葱片、口蘑片炒香，再放入土豆片、胡萝卜片炒熟，继续加入面粉一同炒香，最后慢慢加入水拌煮至汤汁浓稠。
4. 锅中继续加入调味料、鲜牡蛎、鲜奶油，待汤汁煮沸即可。

251 草鱼头豆腐汤

● 材料

草鱼头	1个
老豆腐	2块
老姜	50克
葱	2根
水	2000毫升

● 调味料

盐	1小匙

● 做法

1. 草鱼头刮净鱼鳞、清除内脏，洗净，以厨房纸巾吸干水分备用。
2. 老豆腐洗净切长方块备用。
3. 老姜去皮切片；葱洗净切段备用。
4. 热锅倒入4大匙油烧热，放入草鱼头以中火将两面煎至酥黄，放入姜片及葱段改小火煎至姜、葱干扁，再加入2000毫升水及豆腐以大火煮沸，转中小火加盖继续煮30分钟，最后以盐调味即可。

Tips 好汤有技巧

富含胶质的乳白色汤汁又称为奶汤，不但味道香浓，营养价值也很高。奶汤必须选择胶质含量高的材料制作，通过油煎使汤汁由油、水、胶质乳化结合成奶汤。

252 | 黄瓜鸡肉冷汤

● 材料

鸡胸肉1片、大黄瓜1条、洋葱1/3个、蒜头1颗、西芹1根、冷开水600毫升、香叶1片、百里香1小匙

● 调味料

黑胡椒粉少许、盐少许

● 做法

1. 鸡胸肉洗净，备用。

2. 大黄瓜洗净去皮去籽，切片；洋葱、蒜头、西芹洗净切碎，备用。

3. 取一油锅，加入做法2的所有材料，以中火翻炒均匀。

4. 锅中倒入冷开水，并加入鸡胸肉，盖上锅盖以中火煮约10分钟后，将鸡胸肉捞起，撕成细丝备用。

5. 将黄瓜汤倒入榨汁机打成泥状，隔水放入冰水中，让汤汁急速冷却，再加入鸡胸肉丝即可。

253 | 番茄香根冷汤

● 材料

番茄2个、西芹1棵、洋葱1/3个、香菜3棵、罗勒2根、冷开水600毫升

● 调味料

黑胡椒粉少许、盐少许、糖1大匙

● 做法

1. 番茄去蒂洗净，切成小块；西芹、洋葱洗净切成小丁；香菜、罗勒洗净，取叶备用。

2. 取一个汤锅，加入一大匙橄榄油，再加入做法1的所有材料，以中火翻炒均匀。

3. 锅中加入冷开水，盖过主体材料，再加入所有调味料，盖上锅盖煮约10分钟。

4. 将做法3的番茄汤放入榨汁机，打成泥。

5. 将番茄泥汤过筛，隔水放入冰水中，让汤汁急速冷却即可。

254 | 酸辣汤

● 材料

猪血·····················50克
盒装豆腐··············1/2块
肉丝·····················30克
金针菇··················30克
笋丝·····················50克
葱花·····················1小匙
蛋液·····················少许
水·····················600毫升
水淀粉··················1大匙

● 调味料

A
盐·····················1/4茶匙
鸡精···················1/2茶匙
白醋·····················2茶匙
乌醋·····················1大匙
B
白胡椒粉··············适量

● 做法

1. 将豆腐和猪血切丝，和金针菇、笋丝、肉丝一起放入沸水中汆烫，捞起备用。
2. 取汤锅倒入水，煮沸后加入调味料A，放入做法1的所有材料煮开，再加入水淀粉勾芡。
3. 均匀淋入蛋液，10秒后用汤勺打散成蛋花。
4. 在食用时淋入香油，再撒上白胡椒粉和葱花即可。

255 | 川味酸辣汤

● 材料

猪血30克、嫩豆腐1/2块、竹笋30克、黑木耳2片、金针菇1/2把、猪肉50克、香菜少许、鸡高汤650毫升（做法参考P16）

● 腌料

酱油1小匙、淀粉1小匙、香油1小匙

● 调味料

白胡椒粉少许、辣豆瓣酱1大匙、沙茶酱1大匙、鸡精1小匙、盐少许、醋1大匙

● 做法

1. 猪血、嫩豆腐、竹笋洗净切条；黑木耳洗净切丝；金针菇洗净去蒂切段备用。

2. 猪肉切成丝，加入所有腌料，腌约15分钟备用。

3. 取一个汤锅，加入做法1的所有材料、所有的调味料（乌醋除外）与鸡高汤，盖上锅盖，以中小火煮约10分钟。

4. 锅中加入猪肉丝，以中火继续煮约5分钟，起锅前加入乌醋即可。

256 | 大卤羹汤

● 材料

五花肉片150克、香菇丝（泡发）30克、竹笋丝50克、虾皮（泡发）5克、胡萝卜50克、木耳丝50克、金针菇50克、蛋汁适量、蒜泥1大匙、水淀粉适量

● 调味料

猪大骨高汤1500毫升（做法参考P15）、盐1小匙、鸡精1小匙、酱油60毫升、米酒60毫升、白胡椒粉1大匙、香油适量

● 做法

1. 热锅，倒入适量色拉油，将已泡发的香菇丝入锅炒干。

2. 放入虾皮、五花肉片、竹笋丝、胡萝卜丝、木耳丝、金针菇及蒜泥炒香。

3. 加入所有调味料煮至沸腾，以水淀粉勾芡，再加入蛋汁拌匀即可。

257 | 赤肉羹汤

● 材料

猪后腿瘦肉	150克
鱼浆	30克
包心白菜丝	100克
胡萝卜丝	20克
黑木耳丝	20克
笋丝	30克
油葱酥	15克
高汤	500毫升
水淀粉	1.5大匙

● 腌料

盐	1/2小匙
白胡椒粉	1/4小匙
米酒	1小匙
香油	1/2小匙
淀粉	1小匙

● 调味料

盐	1小匙
白胡椒粉	1/4小匙
香油	1/2小匙

● 做法

1. 将猪后腿瘦肉顺纹切成3厘米长的条，加入腌肉料的所有材料搅拌数十下，再加入鱼浆搅拌均匀即成赤肉羹。
2. 将包心白菜丝、胡萝卜丝、笋丝和黑木耳丝放入沸水中汆烫，捞起备用。
3. 取汤锅，倒入高汤煮沸，加入油葱酥，转小火，分次抓取赤肉羹放入高汤中烫熟。
4. 加入做法2的所有材料和所有调味料，并以水淀粉勾芡即可。

258 | 香菇肉羹汤

● 材料

市售肉羹	300克
香菇	3朵
笋丝	40克
胡萝卜	30克
高汤	700毫升
水淀粉	适量
香菜	少许
油葱酥	少许

● 调味料

酱油	1/2大匙
盐	1/2小匙
鸡精	1/2小匙
冰糖	1小匙
乌醋	少许
胡椒粉	少许

● 做法

1. 香菇以冷水泡软后洗净切丝；胡萝卜去皮切丝，备用。

2. 热锅，加入少许色拉油，放入香菇丝炒香，接着加入胡萝卜丝与笋丝拌炒至均匀，再加入高汤煮沸。

3. 加入所有调味料调味，再以水淀粉勾芡，最后放入肉羹煮熟，食用时加入香菜和油葱酥增香即可。

Tips 好汤有技巧

一定要等羹汤滚沸时才能淋入水淀粉，因为沸腾状态可以帮助水淀粉快速散开，避免其直接沉入锅底结块，淋入的同时要不断搅拌汤汁也是这个道理，但水淀粉全部加入后就不能再过度搅拌了。

259 | 鱼翅肉羹汤

● **材料**

市售肉羹400克、香菇4朵、竹笋丝80克、高汤1300毫升、扁鱼酥适量、蒜酥适量、水盆翅30克、水淀粉适量、香菜叶少许、乌醋少许、胡椒粉少许

● **调味料**

盐1/2小匙、鸡精1/2小匙、冰糖1小匙、酱油1/2大匙

● **做法**

1. 水盆翅泡入冷水中；竹笋丝放入沸水中略汆烫后捞起备用。
2. 香菇洗净，泡入水中待软后，切丝备用。
3. 高汤中加入扁鱼酥和蒜酥煮10分钟后沥出。
4. 取锅，加入1大匙油烧热，放入香菇丝爆香，再加入高汤煮至滚沸。
5. 放入竹笋丝和市售肉羹煮至再次滚沸，加入调味料拌匀，以水淀粉勾芡后再放入水盆翅煮匀，食用前再加入乌醋、胡椒粉和香菜叶即可。

260 | 浮水肉羹

● **材料**

猪后腿肉600克、鸡蛋1个、地瓜粉450克、淀粉75克、高汤2500毫升、热水120毫升

● **调味料**

A 红葱酥1茶匙、鸡精1茶匙、酱油2大匙、香油1茶匙、乌醋2大匙、糖2大匙
B 芹菜末适量、香菜适量、胡椒粉适量、红葱酥油少许、乌醋适量

● **做法**

1. 猪后腿肉去筋，切成条，与调味料A拌匀腌20~30分钟至入味即成生肉羹；鸡蛋与30毫升的水一起打散成蛋液备用。
2. 地瓜粉与淀粉拌匀后，平均分成3等份，取其中1份冲入120毫升热水中，立即用筷子搅拌均匀，再放入生肉羹与另外2份拌匀地瓜粉与淀粉一起搓揉至不沾手为止（若太黏可稍加地瓜粉，太硬则加少许热水）。
3. 高汤煮开后，以中火保持在滚沸状态，再将生肉羹一块一块用手撕下丢入锅中，待肉羹浮在水面上就表示熟了，此时再于汤中淋上蛋液略微搅拌一下即可起锅，食用前加上调味料B即可。

261 | 萝卜排骨酥羹

● 材料

排骨⋯⋯⋯⋯⋯200克
地瓜粉⋯⋯⋯⋯3大匙
白萝卜⋯⋯⋯⋯200克
黑木耳⋯⋯⋯⋯⋯2片
高汤⋯⋯⋯⋯⋯800毫升
水淀粉⋯⋯⋯⋯2大匙

● 腌料

白胡椒粉⋯⋯⋯1小匙
淀粉⋯⋯⋯⋯⋯1小匙
五香粉⋯⋯⋯⋯1小匙
酱油⋯⋯⋯⋯⋯1小匙

● 调味料

白胡椒粉⋯⋯⋯少许
沙茶酱⋯⋯⋯⋯1大匙
乌醋⋯⋯⋯⋯⋯1大匙
盐⋯⋯⋯⋯⋯⋯少许

● 做法

1. 排骨洗净切成小块，加入腌料，腌渍15分钟，沾裹地瓜粉，放入油温约170℃的油锅中炸成金黄色，捞起沥油备用。
2. 白萝卜洗净去皮切成块；黑木耳洗净切成丝备用。
3. 取一个汤锅，加入排骨、白萝卜、木耳丝、所有调味料，并加入高汤，盖上锅盖，以中火煮约20分钟。
4. 加入水淀粉勾薄芡，煮至浓稠即可。

【香浓味醇 浓汤与羹汤篇】*羹汤

● 材料

魠鲀鱼600克、大白菜600克、扁鱼40克、蒜末60克、高汤3000毫升、地瓜粉适量、香菜少许、水淀粉适量

● 腌料

酱油1小匙、盐1/4小匙、糖1/4小匙、蒜泥少许、米酒1大匙、胡椒粉少许

● 调味料

A 盐1小匙、糖1小匙、鸡精1/2小匙
B 胡椒粉少许、乌醋少许

● 做法

1. 魠鲀鱼洗净，切小块后放入混合拌匀的腌料中腌约30分钟，取出后均匀沾裹上地瓜粉备用。

2. 取锅，倒入半锅油烧热至油温约160℃，放入蒜末炸酥，捞起沥油，接着再放入魠鲀鱼块炸至外观金黄，捞起沥油备用。

3. 将扁鱼放入油锅中炸酥，捞出沥油，再压碎备用。

4. 大白菜洗净，放入沸水中氽烫，捞出备用。

5. 取锅，加入高汤煮至滚沸，放入大白菜、压碎扁鱼酥、少许蒜末煮沸后和调味料A拌匀，以水淀粉勾芡，食用前再加入魠鲀鱼块、调味料B和香菜略拌匀，盛入碗中即可。

263 | 蟹肉豆腐羹

● 材料

蟹腿肉................300克
盒装豆腐.............1/2盒
四季豆................4根
鲜笋..................1/2支
胡萝卜................50克
高汤..................500毫升
水淀粉................1大匙

● 调味料

盐....................1/2小匙
白胡椒粉.............1/2小匙
香油..................1小匙

● 做法

1. 将胡萝卜、鲜笋洗净切成菱形片，四季豆洗净切丁，分别放入沸水中汆烫捞起；豆腐切小块，备用。
2. 蟹腿肉洗净，放入沸水中泡3分钟后，捞出备用。
3. 取汤锅，倒入高汤煮沸，加入所有调味料及做法1、做法2所有材料煮开，再用水淀粉勾芡即可。

264 | 蟹肉冬瓜羹

● 材料

蟹腿肉................100克
冬瓜..................200克
姜....................10克
小葱..................1根
蒜头..................2颗
鸡高汤................600毫升
（做法参考P16）

● 调味料

盐....................少许
白胡椒粉.............少许
米酒..................2大匙
香油..................1小匙
鸡精..................1小匙

● 做法

1. 冬瓜洗净去皮，切成小块，和鸡高汤一起放入搅拌机，打成泥，倒入汤锅备用。
2. 姜、小葱、蒜头都切碎备用。
3. 蟹腿肉洗净，挑去蟹壳备用。
4. 在冬瓜泥中，加入做法2的所有材料和蟹腿肉，以中火煮约10分钟。
5. 锅中加入所有调味料，以中小火继续煮约5分钟即可。

265 | 沙茶鱿鱼羹

● 材料

鱿鱼片·············400克
胡萝卜片···········30克
竹笋片·············80克
姜末··············· 10克
蒜末··············· 15克
辣椒片··············· 15克
高汤··········1000毫升
地瓜粉水············适量
罗勒·············少许

● 调味料

盐···············1/2小匙
鸡精············1/2小匙
糖···············1/2小匙
沙茶酱··············1大匙

● 做法

1. 鱿鱼片洗净备用。
2. 取锅，加入2大匙油烧热，放入姜末、蒜末和辣椒片爆香后，放入胡萝卜片、竹笋片和鱿鱼片拌炒。
3. 倒入高汤煮至滚沸后，加入调味料煮匀，以地瓜粉水勾芡，盛入碗中，加上罗勒作装饰即可。

266│韩国鱿鱼羹

● 材料

鱿鱼··············600克
高汤··········1200毫升
罗勒················适量
蒜末················5克
水淀粉·············适量

● 调味料

A 盐················1小匙
冰糖··········1/2大匙
鸡精············1小匙
乌醋············1小匙
B 沙茶酱·······1/2大匙
香油·············少许

● 做法

1. 将鱿鱼洗净后切片，放入沸水中汆烫至熟，捞出备用。
2. 热一锅，加入1大匙色拉油，爆香蒜末，接着加入高汤煮沸，然后放入所有调味料A煮匀，再以水淀粉勾芡。
3. 将鱿鱼和罗勒放入碗中，再加入做法2的羹汤，再加入调味料B增香即可。

267│酸甜鱿鱼羹

● 材料

鱿鱼··············300克
蒜末··············10克
葱段··············10克
辣椒末············10克
水·············350毫升
泡菜··············200克
水淀粉·············适量
油葱酥·············适量

● 调味料

盐··············1/4小匙
鸡精············1/4小匙
细砂糖············1大匙
白醋··············1大匙
乌醋··········1/2大匙
辣椒酱········1/2大匙

● 做法

1. 将处理好的鱿鱼洗净切片备用。
2. 取锅，烧热后倒入1大匙油，将蒜末、葱段、辣椒末爆香。
3. 锅中倒入水煮沸后，加入鱿鱼片、泡菜再度煮沸，继续放进所有调味料，煮至汤汁滚沸时，加入水淀粉勾芡。
4. 熄火，加入油葱酥拌匀即可。

香浓味醇 浓汤与羹汤篇 * 羹汤

268 | 墨鱼羹

● 材料

市售墨鱼羹·········600克
扁鱼·············20克
蒜末·············30克
芹菜末············适量
高汤·········1200毫升
水淀粉············适量

● 调味料

白酱油·········1/2大匙
盐···········1/2小匙
冰糖············1小匙
鲣鱼粉···········1小匙
乌醋·············适量
胡椒粉············适量
香油·············适量

● 做法

1. 热一油锅，放入扁鱼炸酥，捞出压碎备用。
2. 热一锅，加入3大匙色拉油爆香蒜末，使其成金黄色蒜酥，备用。
3. 取一汤锅，加入高汤煮沸，放入扁鱼酥与所有调味料煮匀，再以水淀粉勾芡。
4. 锅中放入墨鱼羹煮热，食用时加入蒜酥与芹菜末增香即可。

269 | 生炒墨鱼羹

● 材料
墨鱼300克、桶笋80克、胡萝卜30克、小葱1根、猪油2大匙、蒜末10克、辣椒末10克、热水300毫升、地瓜粉水适量

● 调味料
米酒1大匙、盐1/2小匙、鸡精1/2小匙、细砂糖1小匙、白醋2小匙、乌醋1小匙

● 做法
1. 将处理好的墨鱼洗净，切成大块；桶笋洗净切片；胡萝卜削皮切片；小葱洗净切段备用。
2. 取锅烧热后，加入猪油烧至完全融化成透明的油。
3. 加入葱段、蒜末、辣椒末爆香。
4. 断续加入墨鱼片、桶笋片、胡萝卜片略炒，倒入热水煮开。
5. 陆续倒入米酒、盐、鸡精、细砂糖煮至再度沸腾，以地瓜粉水勾芡，起锅前淋入白醋与乌醋拌匀即可。

● 材料
墨鱼250克、白菜200克、金针菇25克、鲜香菇2朵、胡萝卜20克、地瓜粉适量、笋丝50克、蒜末10克、辣椒末10克、水400毫升、水淀粉适量、米酒1小匙、胡椒粉少许、蛋黄1个、淀粉少许

● 调味料
A 米酒1/2大匙、盐1/2小匙、鸡精1/3小匙、冰糖1/2大匙、白醋1小匙
B 乌醋少许、胡椒粉少许

270 | 墨鱼酥羹

● 做法
1. 将处理好的墨鱼洗净切块，放入容器中，先加入盐、细砂糖、蒜末、姜末、米酒与胡椒粉搅拌，再放入蛋黄与淀粉调匀，腌渍约30分钟备用。
2. 白菜洗净切条；金针菇洗净去蒂；鲜香菇洗净切丝；胡萝卜去皮切长片备用。
3. 将腌好的墨鱼块沾上地瓜粉，放入油锅中炸至浮起呈金黄色，捞出沥干油，即为墨鱼酥。
4. 取锅烧热后倒入2大匙油，将蒜末爆香，再放入白菜条、金针菇、香菇丝、胡萝卜片与笋丝炒软，续继加入水，煮沸后放入调味料A炒匀。
5. 待煮至汤汁滚沸时，加入水淀粉勾芡，再放入墨鱼酥，起锅前放入调味料B拌匀即可。

271 | 虾仁羹蛋包汤

● 材料

市售虾仁羹·········200克
鸡蛋·················3个
笋丝·················适量
高汤···············800毫升
水淀粉···············适量
蒜酥·················适量
芹菜末···············少许

● 调味料

盐···············1/2小匙
鸡精············1/2小匙
冰糖···············1小匙

● 做法

1. 热锅，加入适量水煮开，打入鸡蛋以小火煮至微熟。
2. 另取一锅，加入高汤煮沸，放入调味料煮匀，以水淀粉勾芡，接着加入虾仁羹与笋丝煮至入味。
3. 锅中加入蛋包，食用时加入蒜酥和芹菜末增香即可。

272 | 泰式虾仁羹

● 材料

市售虾仁羹·········适量
番茄·················1个
金针菇···············20克
笋丝·················50克
黑木耳丝·············30克
高汤··············2000毫升
香菜叶···············少许

● 调味料

A 柠檬汁············2大匙
泰式辣椒膏·······1大匙
盐··············1/2小匙
白砂糖···········1小匙
鱼露············1/2小匙
B 淀粉·············50克
水···············75毫升

● 做法

1. 番茄放入沸水中略氽烫后取出去皮、切条；金针菇去蒂、洗净，并和笋丝、黑木耳丝一起放入沸水中氽烫至熟后捞出。
2. 将做法1的材料放入装有高汤的锅中，以中大火煮至滚沸，再加入调味料A和虾仁羹继续以中大火煮至滚沸。
3. 将调味料B调匀，缓缓淋入锅中，并一边搅拌至完全淋入，待再次滚沸后熄火，盛入碗中并趁热撒上少许香菜叶即可。

273 | 鲜虾仁羹

● 材料

虾仁················250克
白菜················300克
干香菇················2朵
蒜末················10克
辣椒末················10克
姜末················10克
笋丝················100克
热水············350毫升
水淀粉················适量

● 调味料

米酒················1大匙
盐················1/3小匙
鸡精················1/3小匙
蚝油················1/2大匙
乌醋················1/2大匙

● 做法

1. 虾仁处理完毕后,放入油锅中过油,至颜色变红后捞出,沥干油备用。
2. 白菜洗净切片;香菇洗净泡软切丝备用。
3. 取锅烧热后倒入2大匙油,加入蒜末、辣椒末、姜末爆香,再放入白菜片、笋丝炒软。
4. 加入虾仁拌炒,再加上米酒,倒入热水,煮沸后放入其余调味料拌匀。
5. 煮至汤汁滚沸时,以水淀粉勾芡熄火即可。

274 | 冬菜虾仁羹

● 材料

市售虾仁羹········600克
笋签················30克
鸡蛋················1个
蒜末················20克
水淀粉················适量
冬菜················适量
蒜酥················适量
香菜················少许
高汤············1400毫升

● 调味料

盐················1小匙
鲣鱼粉················1小匙
冰糖················1小匙
胡椒粉················少许
香油················少许

● 做法

1. 鸡蛋打散成蛋液;笋签洗好放入沸水中汆烫一下捞出,备用。
2. 热一锅,以少许色拉油爆香蒜末,接着加入高汤,放入笋签煮沸,再加入所有调味料调匀,最后将蛋液边倒入边搅散。
3. 加入水淀粉勾芡,接着放入虾仁羹煮热后保温,食用时加入冬菜、蒜酥增香即可。

275 | 生炒鸭肉羹

● 材料

鸭骨600克、姜片20克、米酒50毫升、水2000毫升、去骨鸭肉300克、熟竹笋丝100克、木耳丝50克、姜丝15克、蒜末5克、水淀粉适量

● 腌料

酱油少许、米酒1大匙、盐少许、淀粉少许

● 调味料

A
盐1/2小匙、鸡精1/2小匙、糖1小匙、胡椒粉少许
B
乌醋少许、香油少许

● 做法

1. 鸭骨洗净，放入沸水中汆烫后，捞起冲水洗净沥干备用。

2. 取锅，加入水、姜片、米酒和鸭骨煮至滚沸，转小火煮50分钟后，沥出高汤备用。

3. 将去骨鸭肉洗净沥干切片，加入混合拌匀的腌料中腌约15分钟备用。

4. 取锅，加入2大匙油烧热，放入姜丝和蒜末爆香后，放入鸭肉炒至变色。

5. 加入竹笋丝、木耳丝和1300毫升鸭高汤煮至滚沸后，加入调味料A煮匀，再以水淀粉勾芡，最后盛入碗中加入调味B即可。

276 | 玉米鸡茸汤

● 材料
新鲜玉米⋯⋯⋯⋯150克
鸡胸肉⋯⋯⋯⋯⋯1块
洋葱⋯⋯⋯⋯⋯ 1/3个
小葱⋯⋯⋯⋯⋯⋯1根
胡萝卜⋯⋯⋯⋯⋯30克
鸡高汤⋯⋯⋯⋯600毫升
（做法参考P16）

● 调味料
A 黑胡椒粉⋯⋯⋯少许
　香叶⋯⋯⋯⋯⋯1片
　鲜奶油⋯⋯⋯30毫升
　盐⋯⋯⋯⋯⋯⋯少许
B 奶油⋯⋯⋯⋯⋯1大匙
　面粉⋯⋯⋯⋯⋯2大匙

● 做法
1. 新鲜玉米用刀取下；鸡胸肉洗净切成小丁备用。
2. 洋葱、小葱、胡萝卜洗净切成小丁状备用。
3. 起一油锅，加入鸡胸肉，以中火炒香后，再加入玉米粒、做法2的所有材料和调味料A，以中火翻炒均匀。
4. 锅中倒入鸡高汤，盖上锅盖，以中火煮约15分钟。
5. 汤中加入调味料B，搅拌均匀，以中火煮至浓稠即可。

277 | 莼菜鸡丝羹

● 材料
鸡胸肉⋯⋯⋯⋯ 100克
干香菇⋯⋯⋯⋯⋯ 4朵
绿豆芽⋯⋯⋯⋯⋯ 10克
高汤⋯⋯⋯⋯ 700毫升
莼菜⋯⋯⋯⋯⋯ 1/2瓶
笋丝⋯⋯⋯⋯⋯⋯ 20克
水淀粉⋯⋯⋯⋯⋯ 适量
香菜⋯⋯⋯⋯⋯⋯ 少许

● 调味料
盐⋯⋯⋯⋯⋯⋯ 1/2小匙
酱油⋯⋯⋯⋯⋯ 2小匙
乌醋⋯⋯⋯⋯⋯ 1大匙

● 做法
1. 将鸡胸肉烫熟后用手撕成丝备用；干香菇洗净以水泡发后切成丝备用；绿豆芽洗净过水氽烫备用。
2. 取一汤锅，在锅中加入高汤、莼菜、香菇丝、笋丝，以大火煮开后加入鸡丝、盐、酱油。
3. 在做法2的材料中加入水淀粉勾芡后再加入乌醋，装碗时放上绿豆芽及香菜即可。

Tips 好汤有技巧 ⋯⋯⋯⋯⋯
莼菜是一种水生植物，又名水葵，在南北货行有瓶装的出售。

278 | 鸡粒瓜茸羹

● 材料

去皮冬瓜············200克
鲜香菇··················2朵
胡萝卜··················适量
鸡胸肉············200克
淀粉··················2大匙
水··················800毫升

● 调味料

盐··················1小匙
胡椒粉············1/2小匙
香油··················1小匙

● 做法

1. 去皮冬瓜洗净，切块后放入沸水中，以小火煮30分钟，捞出放凉后放入搅拌机打成瓜泥备用。

2. 鸡胸肉洗净，剁成茸；鲜香菇洗净切末备用。

3. 胡萝卜洗净，去皮放入沸水中汆烫至熟，捞出切末备用。

4. 淀粉中加入2大匙水调匀备用。

5. 取一汤锅，加入800毫升水以中大火烧开，加入瓜泥、香菇末及盐、胡椒粉以中小火再次煮沸。

6. 慢慢加入鸡茸煮匀，分次淋入水淀粉勾芡，最后淋上香油、撒上胡萝卜末即可。

279 | 酸辣牡蛎羹

● 材料

牡蛎···············150克
盐·················1/2小匙
地瓜粉···········100克
酸辣羹汤···········适量
香菜叶·············少许
葱末···············少许

● 做法

1. 牡蛎放入碗中，加入盐轻轻拌匀，并挑出碎壳，再以清水冲洗至水清后沥干水分。

2. 锅中加水至约6分满，烧热至85℃~90℃，将牡蛎表面均匀沾上地瓜粉，放入热水中以小火煮约3分钟后捞出，泡入冷水中。

3. 将酸辣羹汤以中大火煮沸，加入牡蛎拌匀，盛入碗中后趁热撒上少许香菜叶及葱末即可。

Tips 好汤有技巧 ·················

酸辣羹汤

酸辣羹汤是最适合搭配海鲜口味的羹，如：牡蛎羹、蚵仔羹、虾仁羹、鱿鱼羹等，具有消除海鲜腥味和增加鲜味的效果。

材料：

A 笋丝50克、黑木耳丝20克、胡萝卜丝20克、柴鱼片8克、高汤2000毫升、鸡蛋1个
B 细红辣椒粉2克、盐1小匙、白砂糖1大匙、白醋1.5小匙、乌醋1.5小匙
C 淀粉50克、水75毫升
D 辣椒油少许

做法：

1. 将笋丝、黑木耳丝、胡萝卜丝放入沸水中略汆烫，捞起放入盛有高汤的锅中以中大火煮至滚沸后，加入调味料B、柴鱼片以中大火煮至滚沸。

2. 将调味料C调匀，缓缓淋入锅中，并一边搅拌至完全淋入，待再次滚沸后熄火，将鸡蛋打散，高高举起，以划圈的方式慢慢淋入，3秒钟后再搅散成蛋花，盛入碗中淋上辣椒油即可。

280 西湖牛肉羹

● 材料

牛肉	100克
淀粉	1大匙
芥兰	50克
干香菇	2朵
葱	1/2根
高汤	1500毫升
水淀粉	适量
蛋清	1个

● 调味料

A	酱油	1小匙
	糖	1小匙
	酒	1大匙
	白胡椒粉	少许
B	盐	1小匙
	糖	1小匙
	米酒	1大匙
	白胡椒粉	少许

● 做法

1. 牛肉切小丁，加入调味料A及淀粉一起腌制备用；芥兰梗洗净切成小丁、干香菇洗净泡软后切小丁、葱切成葱花一起备用。

2. 取一汤锅，在锅中放入高汤后再放入牛肉丁、芥兰丁及香菇丁，以大火加热煮开后捞出浮沫，再加入调味料B调味。

3. 以中火煮滚沸以水淀粉勾芡，起锅前淋入蛋清并搅散成蛋花，最后撒上葱花即可。

281 | 生牡蛎豆腐羹

● 材料

牡蛎·············100克
嫩豆腐·············1/2盒
蒜头·············3颗
虾米·············1大匙
猪肉泥·············50克
高汤·············600毫升
香菜叶·············少许
水淀粉·············1大匙

● 调味料

盐·············少许
白胡椒粉·············少许
香油·············1小匙
米酒·············1大匙
黄豆酱·············1大匙
淀粉·············1大匙

● 做法

1. 牡蛎洗净挑除壳，沥干水分，沾裹淀粉，放入热水中汆烫捞起备用。
2. 嫩豆腐切成小丁；蒜头去皮切成片；虾米以水泡10分钟备用。
3. 起一油锅，加入猪肉泥、蒜头片、虾米，以中火先爆香，再加入所有调味料和高汤，以中火煮约10分钟。
4. 锅中加入牡蛎，以中火煮沸后，起锅前再加入水淀粉勾薄芡即可。

282 | 香芋牛肉羹

● 材料

牛肉泥·············150克
去皮芋头·············300克
淀粉·············1小匙
水·············600毫升

● 腌料

盐·············1/4小匙
淀粉·············1小匙
水·············15毫升
小苏打·············1/4小匙

● 调味料

盐·············1/2小匙
胡椒粉·············1/2小匙

● 做法

1. 牛肉泥加入腌料拌匀并腌30分钟，放入沸水中汆烫，捞出沥干水分备用。
2. 淀粉加1小匙水调匀备用。
3. 去皮芋头洗净切厚片，放入电锅蒸20分钟，取出待凉，取一半抓成泥，另一半切小丁备用。
4. 取一汤锅，加入600毫升水，以中大火烧开，加入牛肉泥及所有调味料，以小火煮至滚沸，先加入芋泥搅散再加入芋头丁，再次煮沸后以水淀粉勾芡即可。

283 | 牡蛎吻仔鱼羹

● 材料

牡蛎·····················200克
吻仔鱼·················100克
翡翠·······················50克
（做法参考P211）
蒜末·······················10克
姜末·······················10克
高汤···················800毫升
地瓜粉·····················80克
水淀粉·····················少许

● 调味料

盐···························1小匙
鸡精···················1/2小匙
糖·····················1/4小匙
乌醋·······················1小匙
胡椒粉·····················少许
香油·······················少许

● 做法

1. 牡蛎洗净沥干水分后，沾裹上地瓜粉放入沸水中汆烫至熟捞出备用。

2. 热一锅，倒入2大匙油后，放入蒜末、姜末爆香，再倒入高汤煮沸，继续放入牡蛎、吻仔鱼、翡翠、盐、鸡精、糖一起煮沸。

3. 以水淀粉勾芡，再加入乌醋、胡椒粉、香油调味即可。

284 | 鲜鱼羹

● 材料

A 鲈鱼肉·········80克
笋片················30克
老豆腐·········1/2块
胡萝卜············20克
芦笋（或蔬菜梗）
······················10克
香菇················3朵
水··············300毫升
B 淀粉·········1.5大匙
水················2大匙

● 腌料

盐····················适量
淀粉················适量

● 调味料

盐················1/2小匙
鸡精············1/2小匙
胡椒粉········1/4小匙
酒················1/2小匙
香油················1小匙

● 做法

1. 笋片、胡萝卜、老豆腐、香菇洗净切菱形；芦笋洗净切小丁，备用。

2. 鱼肉切小丁，加入腌料抓匀，备用。

3. 将做法1、做法2的材料汆烫后洗净，备用。

4. 取汤锅，加入300毫升水煮沸，放入做法3的材料及调味料，煮沸后加入预先混匀的材料B，以水淀粉拌匀勾芡即可。

285 | 豆腐鲈鱼羹

● 材料

鲈鱼·····················1条
豆腐·····················1块
绿竹笋·················1支
胡萝卜·················50克
香菜叶·················少许
淀粉·····················2大匙
水·····················800毫升

● 腌料

盐·····················少许
蛋清·················1/2个
淀粉·················1/2小匙

● 调味料

盐·····················1小匙
胡椒粉·················1/2小匙
料酒·················1大匙
香油·················1小匙

● 做法

1. 鲈鱼清理干净后去骨取肉，切成小片，加入所有腌料拌匀并腌10分钟，放入沸水中汆烫至变色，捞出沥干水分备用。

2. 绿竹笋、胡萝卜均去皮，与豆腐一起切成菱形片，放入沸水中汆烫至变色，捞出沥干水分备用。

3. 淀粉加2大匙水调匀成未淀粉备用。

4. 取一汤锅，加入800毫升水，以中大火烧开，加入做法1、做法2所有食材及盐、胡椒粉和料酒，以中小火再次煮沸，分次淋入水淀粉勾芡，最后淋上香油、撒上香菜叶即可。

286 | 西湖翡翠羹

● **材料**

菠菜200克、火腿1片、蒜头2颗、嫩豆腐1/2盒、吻仔鱼15克、鸡蛋（取蛋清）1个、水淀粉1大匙

● **调味料**

白胡椒粉少许、香菇精1小匙、香油1小匙、乌醋1小匙、盐少许、鸡高汤700毫升（做法参考P16）

● **做法**

1. 菠菜洗净切成小块，放入搅拌机中打成泥，再过筛并加入蛋清搅拌均匀。
2. 将菠菜泥过筛至油温约180℃的油锅中，炸成颗粒状。
3. 将菠菜颗粒泡入冰水中冰镇，即成翡翠备用。
4. 火腿、蒜头都切碎；嫩豆腐切成小丁；吻仔鱼洗净备用。
5. 取一个汤锅，加入做法4的所有材料和调味料、鸡高汤，以中火煮约10分钟。
6. 锅中，加入翡翠，煮约5分钟，起锅前再加入水淀粉，搅拌均匀即可。

287 | 翡翠海鲜羹

● 材料

菠菜·················150克
鱼肉·················50克
虾仁丁···············50克
乌贼丁···············30克
笋片·················80克
胡萝卜片·············少许
蛋清·················5大匙
淀粉·················1.5大匙
水·················600毫升

● 调味料

盐·················1/2小匙
胡椒粉··············1/4小匙
料酒···············1小匙

● 做法

1. 菠菜洗净，沥干水分后放入搅拌机，加少许水打成汁，滤出菜汁加入蛋清与1/2大匙淀粉搅拌均匀。

2. 取锅，倒入适量油低温烧热，倒入菠菜汁以小火不断搅拌至成绿色颗粒，捞出至滤网，以热水冲去多余油分，沥干即成翡翠。

3. 将虾丁、乌贼丁、鱼丁、笋片、胡萝卜片均放入沸水中汆烫至变色，捞出沥干水分备用。

4. 取1大匙淀粉加1大匙水调匀备用。

5. 取一汤锅，加入600毫升水，以中大火烧开，放入做法3所有食材及调味料，以中小火继续煮至再次滚开，慢慢倒入水淀粉，待汤汁浓稠后加入翡翠拌匀即可。

288 | 海鲜鱼翅羹

● 材料

水发鱼翅············10克
嫩豆腐·············1/2盒
大白菜·············30克
黑木耳··············1片
蒜头··············2颗
鱼高汤···········500毫升
（做法参考P17）
鸡高汤···········350毫升
（做法参考P16）
水淀粉·············1大匙

● 调味料

白胡椒粉···········少许
鸡精··············1小匙
香油··············1小匙
酱油··············1小匙
糖···············1小匙
盐···············少许

● 做法

1. 取一碗，放入水发鱼翅和鸡高汤，放入电锅中，外锅加入4杯水，蒸约1小时即成鱼翅汤。

2. 嫩豆腐切成小条；大白菜、黑木耳洗净切成丝；蒜头去皮切成片备用。

3. 取一个汤锅，加入鱼高汤、做法2的所有材料和调味料，盖上锅盖以中火煮约10分钟。

4. 锅中加入鱼翅汤，以中小火续煮约10分钟，起锅前再加入水淀粉，勾薄芡即可。

289 | 苋菜银鱼羹

● 材料

银鱼·············50克
苋菜·············180克
蒜头·············3颗
辣椒·············1/3个
姜···············5克
黑木耳·············1片
鱼高汤·············700毫升
（做法参考P17）

水淀粉·············2大匙

● 调味料

白胡椒粉·············少许
柴鱼粉·············1小匙
香油·············1小匙
盐·············少许

● 做法

1. 银鱼洗净沥干；苋菜洗净去蒂切段，泡入水中备用。
2. 蒜头、辣椒、姜都洗净切片；黑木耳洗净切丝备用。
3. 取一个汤锅，加入一大匙色拉油，再加入做法2的所有材料，以中火爆香，加入调味料和银鱼以及海鲜高汤，以中小火煮约10分钟。
4. 锅中加入苋菜段，以中火继续煮约5分钟，起锅前加入水淀粉勾薄芡即可。

290 | 珍珠黄鱼羹

● 材料

黄鱼·············1条
甜玉米粒·············100克
蛋液·············2大匙
淀粉·············2.5大匙
水·············700毫升

● 调味料

盐·············1/2小匙
料酒·············1大匙
胡椒粉·············1/2小匙

● 做法

1. 将黄鱼清理干净，去骨后取肉，切小丁备用。
2. 淀粉加2.5大匙水调匀成水淀粉备用。
3. 热锅淋上料酒后再加入700毫升水，放入玉米粒及剩余调味料以中大火煮至沸腾，加入鱼肉轻轻拌匀并捞出浮沫，改小火将水淀粉慢慢倒入并不断搅拌使其均匀浓稠，再熄火慢慢均匀倒入全蛋液，5秒钟再搅散成蛋花即可。

291 | 福州鱼丸羹

● 材料

福州鱼丸·············· 8颗
麻笋·············· 100克
胡萝卜丝·············· 50克
高汤·············· 1200毫升
蒜酥·············· 适量
柴鱼片·············· 适量
香菜·············· 适量
水淀粉·············· 适量

● 调味料

A 盐·············· 1/4小匙
味精·············· 1/4小匙
糖·············· 1/4小匙
香油·············· 适量
乌醋·············· 适量

● 做法

1. 麻笋切丝，胡萝卜切丝后一起汆烫至熟。
2. 取一汤锅，倒入适量高汤，加入麻笋丝、胡萝卜丝、福州鱼丸及调味料A调味煮沸。
3. 待汤汁滚沸后，放入蒜酥、柴鱼片拌匀。
4. 待汤汁再度微滚时转小火，以边倒入水淀粉边用汤勺搅拌的方式勾琉璃芡。
5. 食用时加入适量香菜，滴入香油、乌醋提味即可。

292 | 白菜蟹肉羹

● 材料

蟹脚肉·············· 200克
包心白菜·············· 300克
金针菇·············· 30克
胡萝卜·············· 15克
蒜末·············· 10克
姜末·············· 10克
热水·············· 350毫升
水淀粉·············· 适量

● 调味料

盐·············· 1/2小匙
鸡精·············· 1/2小匙
细砂糖·············· 1小匙
乌醋·············· 1/2大匙
胡椒粉·············· 少许
香油·············· 少许

● 做法

1. 将蟹脚肉以沸水汆烫备用。
2. 包心白菜洗净切块；金针菇洗净去蒂；胡萝卜洗净切丝备用。
3. 取锅，烧热后倒入2大匙油，将蒜末、姜末爆香，再放入包心白菜块、金针菇与胡萝卜丝炒软。
4. 加入热水，再加入蟹脚肉与调味料，煮至汤汁滚沸时，以水淀粉勾芡即可。

215

293 | 红烧鳗鱼羹

● 材料

海鳗·····················150克
蛋液·······················2大匙
地瓜粉···················100克
香菇·························3朵
金针菇····················30克
干黄花菜·················10克
胡萝卜丝·················50克
柴鱼片·····················8克
油蒜酥····················10克
高汤·················2000毫升
蒜泥························少许
水淀粉······················适量

● 调味料

A 红糟·····················1小匙
  白砂糖··················2大匙
  酱油···················1/2小匙
B 盐·······················1.5小匙
  白砂糖··················1小匙

● 做法

1. 海鳗洗净去骨，切长
   条，放入大碗中加入调味
   料A及蛋液拌匀并腌泡
   约30分钟，表面均匀裹
   上地瓜粉后，再放入油
   温约160℃的热油锅中，
   以小火炸约2分钟后，改
   大火继续炸约20秒钟，
   捞起沥干油备用。

2. 香菇洗净泡软、切丝，
   金针菇去蒂后洗净，干
   黄花菜泡软洗净后去
   蒂；将上述材料和胡萝
   卜丝一起放入沸水中略
   汆烫至熟，捞起放入盛
   有高汤的锅中以中大火
   煮至滚沸，加入调味料
   B、柴鱼片、油蒜酥及
   鳗鱼酥续以中大火煮至
   滚沸。

3. 将水淀粉缓缓淋入其
   中，并一边搅拌至完全
   淋入，待再次滚沸后盛
   入碗中，趁热加入少许
   蒜泥即可。

294 | 鳗鱼羹

● 材料

鳗鱼300克、绿竹笋丝80克、黑木耳丝50克、胡萝卜丝50克、金针菇20克、葱末10克、蒜末10克、高汤1200毫升、淀粉适量、香菜少许

● 腌料

米酒1大匙、葱段少许、姜末少许、酱油1/2大匙、盐1小匙、淀粉2大匙

● 调味料

A 盐1/2大匙、糖1大匙、鸡精1小匙
B 乌醋1大匙、胡椒粉1小匙、香油1小匙

● 做法

1. 将处理过的新鲜鳗鱼洗净，切成3厘米长的条放在容器里，再将米酒、葱段、姜末、酱油和盐加入搅拌均匀，腌渍约10分钟。

2. 将鳗鱼裹上薄薄一层的淀粉。

3. 取锅煮水至滚沸后，先加入鳗鱼汆烫约2分钟后捞起；将绿竹笋丝、黑木耳丝、胡萝卜丝和金针菇放入锅中烫熟后捞起备用。

4. 热油锅，加入少许油和葱末、蒜末爆香，再加入高汤、绿竹笋丝、黑木耳丝、胡萝卜丝和金针菇后，加入调味料A和鳗鱼拌煮约2分钟，再以水淀粉勾芡。

5. 食用前加入调味料B搅拌均匀，并加入香菜作为装饰即可。

295 | 菩提什锦羹

● 材料

素肉……………50克
魔芋……………1片
素火腿……………20克
胡萝卜……………30克
竹笋……………50克
香菜……………2棵
素高汤…………700毫升
（做法参考P20）

白芝麻……………1小匙
水淀粉……………1大匙

● 调味料

白胡椒粉…………少许
香油……………少许
盐……………少许

● 做法

1. 素肉以冷水泡10分钟至软，捞起沥干切成小丁备用。
2. 魔芋、素火腿、胡萝卜、竹笋都切成小丁；香菜洗净切碎备用。
3. 取一个汤锅，先加入1大匙香油，再加入素肉，以中火炒香，加入做法2的所有材料、白芝麻和调味料，翻炒均匀。
4. 锅中倒入素高汤，盖上锅盖，以中小火煮约15分钟，起锅前加入水淀粉勾薄芡，并撒上香菜碎即可。

296 | 太极蔬菜羹

● 材料

鸡胸肉250克、姜片20克、葱段1根、蛋清2大匙、地瓜叶150克、淀粉2大匙、水800毫升

● 调味料

盐1小匙、胡椒粉1/2小匙、料酒1大匙、香油1小匙

● 做法

1. 汤锅倒入800毫升水以大火煮开，放入姜片、葱段及鸡胸肉改小火继续煮15分钟捞出鸡胸肉，待凉切成鸡茸，汤汁捞除姜片与葱段留下备用。
2. 淀粉加2大匙水调匀成水淀粉备用。
3. 取一半汤汁大火煮沸，加入洗净的地瓜叶以大火继续煮3分钟，捞出过冰水冷却，沥干水分后切细末，重新加入汤汁中，加入一半调味料，以适量水淀粉勾芡后盛出备用。
4. 将剩余的一半汤汁，以另一半调味料调味，再以剩余的水淀粉勾芡，加入鸡茸及蛋清煮匀后盛出备用。
5. 取一阔面汤碗，同时等量倒入做法3和做法4两种羹汤并拉出太极图形即可。

297 | 发菜羹汤

● 材料

发菜1把、竹笋100克、鲜香菇2朵、里脊肉50克、高汤600毫升、香菜少许

● 腌料

白胡椒粉少许、蒜末碎1小匙、酱油1小匙、香油少许、盐少许

● 调味料

A 鸡精1小匙、盐少许、白胡椒粉少许、柴鱼粉1大匙

B 陈醋1大匙、水淀粉1大匙

● 做法

1. 发菜洗净，在冷水中约15分钟备用。
2. 竹笋洗净切成小条；香菇洗净切成片备用。
3. 里脊肉切成小条状，放入腌料中腌渍约15分钟。
4. 取汤锅，加入1大匙色拉油（材料外），再加入竹笋条和香菇片，以中火爆炒均匀。
5. 加入调味料A、发菜和里脊肉，翻炒均匀。
6. 锅中倒入高汤，盖上锅盖，以中火煮约10分钟，再加入调味料B，煮至浓稠即可。

298 | 发菜豆腐羹

● 材料

发菜⋯⋯⋯⋯⋯⋯20克
老豆腐⋯⋯⋯⋯⋯⋯1块
黄豆芽⋯⋯⋯⋯⋯100克
香菇蒂⋯⋯⋯⋯⋯⋯8个
淀粉⋯⋯⋯⋯⋯1.5大匙
水⋯⋯⋯⋯⋯⋯600毫升
罗勒⋯⋯⋯⋯⋯⋯⋯1片

● 调味料

盐⋯⋯⋯⋯⋯1/2小匙

● 做法

1. 发菜以水泡至胀发，淘洗干净后沥干水分备用。
2. 老豆腐洗净切细丝备用。
3. 黄豆芽洗净，去除根部；香菇蒂洗净备用。
4. 淀粉加2大匙水调匀成水淀粉备用。
5. 热锅加入1小匙油烧热，加入黄豆芽爆炒至略软，加入600毫升水及香菇蒂以小火继续煮半小时，过滤出汤汁继续烧滚，加入盐与发菜拌匀，待再次滚开后慢慢倒入水淀粉，待汤汁浓稠后再加入豆腐丝煮匀即可。

299 | 发菜鱼羹

● 材料

鲍鱼250克、鸡蛋豆腐1盒、胡萝卜丁50克、蒜末5克、蟹味菇丁40克、熟笋丁40克、豌豆仁20克、发菜适量、水淀粉适量、高汤1100毫升

● 腌料

米酒1大匙、盐少许、淀粉少许

● 调味料

盐1/4小匙、糖1/2小匙、柴鱼粉1/2小匙、酱油少许、乌醋少许

● 做法

1. 鲍鱼洗净切丁，加入所有腌料腌一下；鸡蛋豆腐切丁；发菜泡开，备用。
2. 热一锅，倒入少量香油，放入蒜末爆香，再加入高汤煮沸，放入胡萝卜丁、豆腐丁煮约2分钟。
3. 放入蟹味菇丁、豌豆仁、鲍鱼丁及熟笋丁煮熟后，加入所有调味料，再以水淀粉勾芡，放入发菜即可。

300 | 三丝豆腐羹

● 材料

老豆腐	1大块
肉丝	50克
胡萝卜丝	30克
笋丝	30克
高汤	1大碗
水淀粉	1大匙

● 调味料

盐	1小匙
味精	1小匙
胡椒粉	1小匙
香油	1大匙

● 做法

1. 老豆腐切丝，再连其余材料一起以沸水氽烫一下，捞起沥干水分备用。
2. 热油锅，放入高汤及做法1的所有材料煮开，以盐、味精、胡椒粉调味，再以水淀粉勾薄芡，起锅前滴入香油即可。

301 三丝鱼翅羹

● 材料

水发鱼翅150克、瘦肉75克、香菇3朵、竹笋80克、胡萝卜适量、葱3根、姜片7片、香菜少许、水淀粉少许

● 腌料

盐少许、胡椒粉少许、淀粉少许

● 调味料

A 盐1/2小匙、鸡精1小匙、料酒1小匙、乌醋1.5小匙、胡椒粉少许

B 高汤1500毫升、香油少许

● 做法

1. 将水发鱼翅加入500毫升高汤、2根葱、5片姜及料酒以小火煮约30分钟后，捞出沥干汤汁并挑除葱、姜片备用。
2. 香菇洗净，在水中浸包至软切丝；竹笋洗净去壳切丝；胡萝卜洗净切丝；瘦肉切丝，加少许盐、胡椒粉及淀粉腌约10分钟。
3. 热锅，加入1小匙油再加入1根葱（切小段）与剩余的姜片爆香后，将葱段、姜片捞掉。
4. 锅中加入1000毫升高汤、竹笋丝、香菇丝、胡萝卜丝、瘦肉丝及鱼翅后煮至沸腾。
5. 加入调味料A煮匀后，以水淀粉勾芡，起锅盛碗淋上香油，并放上香菜即可。

302 皮蛋翡翠羹

● 材料

水	1大碗
皮蛋	1个
吻仔鱼	1大匙
绿海菜	少许
枸杞子	1小匙
水淀粉	1大匙

● 调味料

| 胡椒盐 | 1小匙 |
| 香油 | 少许 |

● 做法

1. 皮蛋去壳切丁；绿海菜洗净沥干，备用。
2. 汤锅中加水煮沸，放入吻仔鱼及绿海菜煮5分钟，调入水淀粉勾芡。
3. 将皮蛋丁、枸杞子加入锅中拌匀，再加入胡椒盐及少许香油调味即可。

Tips 好汤有技巧

这道汤最重要的是最后勾芡的功力，水淀粉不能太浓稠，水与淀粉的比例为1：1，这样羹汤才会好喝。

STEW SOUP

滋补元气

炖补&煲汤篇

想要补元气、增加免疫力，用喝汤来滋补最简单也最享受，可大部分人都觉得炖补准备起来很麻烦，其实你只要请中药店照着食谱帮你配备相应的材料，再放入汤锅中炖煮就可以了，如果不想看火还可以选择用电锅轻松煲汤。此外，花时间煲煮的港式汤，因为将食材的精华都熬出来了，光喝汤就能补充满满的元气，你也可以尝试。

炖补&煲汤——
美味关键

1 **火**力大小是重点

通常是先以大火，高温慢慢炖煮，尤其是含骨髓的肉类食材，要先用大火将血水、浮沫逼出，以免汤汁混浊，待沸腾后，改为接近炉心的小火，慢慢熬煮。切忌火力忽大忽小，这样易使食材粘锅，破坏整锅的美味。

2 **细**火慢炖，但也不宜过久

炖补、煲汤虽然是需要长时间以慢火熬煮的料理，但并不是时间越长越好，大多汤品都以1~2小时为宜，肉类则用2~3小时最能熬煮出新鲜风味，若以叶菜类为主，就不宜煮太久。

3 **简**单调味增美味

如果喜欢原汁原味，可不加调味，若想调味，可在起锅前加些盐提味，不要过早放盐否则会使肉中所含的水分释出，并加快蛋白质的凝固，影响汤的鲜味。若是喜欢重口味，亦可加入鸡精或是香菇精调味；如果煮鱼，则可以酌量加姜片或米酒去腥。

炖补必备
香油、米酒、老姜

〔香油〕

白香油由白芝麻制作而成，黑香油是从黑芝麻中压榨粹取而成的，黑香油又称"胡香油"，比较之下，黑香油颜色比白香油更深黑。

黑香油常用来滋补、调养、强身，用于制作香油鸡、烧酒鸡、三杯鸡等料理；而白香油则适合作为炒菜、煮汤的佐料；另外还有调味用的香油，是由黑香油和色拉油混合而成，常在烹调料理起锅前，滴上几滴以增加香味及提亮菜色。

〔米酒〕

米酒因为可以促进血液循环，让身体暖和，因此炖补汤品中经常用到，除此之外，米酒还可以去腥提味。一般市面上的米酒分为料酒与米酒，其生产流程相同，区别仅在于料酒添加了食盐。

〔老姜〕

姜可分为老姜、中姜及嫩姜，老姜为最底部的部分，又称"姜母"；中姜为中段的部分；而嫩姜即最上头的部位，又名"子姜""紫姜"。每种姜都可依不同做法入菜或入药。姜的应用极广，多半可生吃或是熟食，醋浸、酱渍、盐腌均可，一般是将嫩姜加以腌渍后食用；而老姜则多入药或是用来与补品同炖，因为老姜比较燥热，可促进血液循环、驱逐体内寒气，故也常搭配在香油料理及药炖汤头中使用。

炖补材料轻松前处理

炖补最让人困扰的就是一堆的食材与中药，总是让人不知道从哪开始处理，也因此让人觉得炖补很复杂。其实可以先将炖补的材料分成三大类，再依各类材料的特性来处理，这样就能迅速轻松地完成炖补的第1步骤！

中药材先清洗

中药材大部分都是经过干燥制成的，因此难免带有少许的灰尘与杂质，其实没有太大的影响，如果想补得更安心，那就将中药材稍微清洗一下，去除这些灰尘与杂质。但是千万别冲洗或是在水中泡太久，以免这些中药材的精华流失。洗好的中药材再稍微沥干一下，将多余的水分去除即可入锅炖煮。如果不想在享用炖补料理时吃到一大堆中药，体积较小、细散的中药材，也可以利用药包袋或卤包袋装好入锅，这种袋子有传统的以棉布制成的，可重复使用，也有一次性的。不过也不是所有中药材都适合清洗，有些药材，如熟地、山药就最好别洗，以免溶解在水中。

因为生肉带有血水与脏污，如果直接下锅会让整锅汤变得浑浊且充满杂质，影响美观与口感。为了避免这种情况，肉类食材尤其是带骨的肉类最好先放入沸水中氽烫，只要烫除血水与脏污，烫到肉的表面变色就可以起锅。再讲究一点，可以放入冷水中再清洗一次。不过若是使用容易熟的肉类，例如鱼肉、没带骨的鸡胸肉，就不适合氽烫过久，因为炖补本来就需要花时间熬煮，若易熟的肉类烫太久，会导致口感干涩难以入口。

肉类先氽烫

五谷杂粮先浸泡

五谷杂粮类要食用的话记得要先在水中泡至软，再去炖煮才能吃到绵密入味的口感，而且在浸泡的过程中，也能去除表面一些杂质，且品质不良的杂粮在浸泡的过程中也会浮起，此时就可以顺便捞除。不过这些食材要泡透需要的时间不一，有的数十分钟，有的可能要花好几个小时，难免会影响料理的时间，所以建议最好在做炖补的前一晚，就将这些五谷杂粮放入清水中浸泡一晚，隔天再来料理。为了享用好口感，这个步骤不能省。

303 | 香油鸡

● 材料

土鸡肉块..........1200克
老姜片..............120克
黑香油................3大匙
水................2000毫升

● 调味料

米酒................500毫升
鸡精................1小匙

● 做法

1. 土鸡肉块洗净，沥干备用。
2. 热锅，加入黑香油后，再放入老姜片以小火爆香至姜片边缘有些焦干。
3. 放入鸡肉块，以大火翻炒至变色，再加入米酒炒香后，加水以小火煮约30分钟。
4. 加入鸡精略煮匀即可。

> **Tips 好汤有技巧**
>
> 黑香油是从黑芝麻中提炼出来的，又称"胡香油"，比较之下，黑香油颜色呈深褐色，比白香油更深黑，属性较热，因此通常用于进补，可滋补、调养、强身，或用于制作香油鸡、烧酒鸡、三杯鸡等料理。黑香油对女性而言，是生产后养身的一大补品，也是女人产后坐月子的必需品。因香油属较燥热、易上火之食物，因此感冒、发烧、咳嗽或喉咙发炎者，应避免食用香油制品，否则容易使体内热气更多，造成喉咙更加难受，有紧缩之感。

304 | 烧酒鸡

● 材料

土鸡·················· 1/2只
当归·················· 5克
黄芪·················· 少许
陈皮·················· 少许
枸杞子················ 少许
红枣·················· 2颗

● 调味料

米酒················ 适量
（足够盖过食材）
盐·················· 少许

● 做法

1. 将土鸡洗净后切块，再过水汆烫备用。
2. 取一锅，把所有材料同时放入锅中，将米酒倒入锅中到盖过食材为止，以大火煮开之后，在汤的表面点火烧至无火，加入盐再转小火炖煮30分钟至熟烂即可。

Tips 好汤有技巧

米酒燃烧完酒精之后，汤头就会变成甘甜的米香味，不会再有刺激的酒味出现了。

305 | 韩式人参鸡汤

● 材料

童子鸡⋯⋯⋯⋯⋯⋯1只
糯米⋯⋯⋯⋯⋯⋯60克
去壳栗子⋯⋯⋯⋯⋯6颗
红枣⋯⋯⋯⋯⋯⋯4颗
松子⋯⋯⋯⋯⋯⋯5克
姜泥⋯⋯⋯⋯⋯1/4小匙
蒜泥⋯⋯⋯⋯⋯1/4小匙
鲜人参⋯⋯⋯⋯⋯1条
鸡高汤⋯⋯⋯600毫升
（做法参考P16）
葱花⋯⋯⋯⋯⋯适量
竹签⋯⋯⋯⋯⋯⋯1支

● 调味料

盐⋯⋯⋯⋯⋯1/4小匙

● 做法

1. 童子鸡洗净去骨，备用。
2. 糯米洗净以水泡2小时后，捞起沥干；去壳栗子以温水泡1小时，用牙签挑出残皮，备用。
3. 将糯米、栗子，与红枣、松子、姜泥、蒜泥拌匀后，再加入盐混合拌匀即成陷。
4. 将馅料，塞入童子鸡腔内，再塞入鲜人参。
5. 将童子鸡用竹签缝合，放入锅内，再倒入鸡高汤，以小火慢炖约4小时，食用时撒上葱花即可。

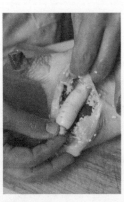

Tips 好汤有技巧⋯⋯⋯⋯
此道食谱通常是使用出生一个半月左右的童子鸡制作，也可以用一般小土鸡代替。

306 | 参须红枣鸡汤

● 材料

土鸡	1只
红枣	10颗
参须	30克
水	600毫升
老姜片	3片

● 调味料

盐	1小匙
料酒	1大匙

● 做法

1. 土鸡洗净，放入沸水中氽烫，捞起备用。
2. 红枣、参须洗净备用。
3. 将土鸡、红枣、参须放入电锅内锅中，加入水、老姜片、盐和料酒。
4. 将内锅放入电锅中，外锅加2杯水炖煮，待开关跳起即可。

307 | 人参红枣鸡汤

● 材料

土鸡腿	200克
人参须	6克
红枣	8颗
水	380毫升
外锅用水	2杯
（350毫升）	

● 调味料

盐	1/2小匙
米酒	1/2小匙

● 做法

1. 将土鸡腿剁小块备用。
2. 取一汤锅，加入适量水（分量外）煮至滚沸后，将土鸡块放入其中氽烫约1分钟后取出，洗净再放入电锅内锅中。
3. 将人参须、红枣用清水略冲洗后，和水一起加入内锅中。
4. 电锅外锅加入2杯水，放入电锅内锅，加盖按下开关，待开关跳起，焖约20分钟，再加入盐及米酒调味即可。

308 | 何首乌鸡汤

● 材料

A 乌鸡肉 ···········900克
  水 ·············2000毫升
B 何首乌 ·············30克
  川芎 ···············15克
  当归 ················5克
  黄芪 ···············10克
  黑枣 ···············6颗
  红枣 ···············6颗
  骨碎补 ·············20克
  炙甘草 ·············10克
  熟地 ···············15克

● 调味料

盐 ·················适量
鸡精 ················适量
米酒 ·············300毫升

● 做法

1. 乌鸡肉洗净，放入沸水中略氽烫后，捞起冲水洗干净，沥干备用。

2. 材料B洗净，沥干备用。

3. 取砂锅，放入乌鸡肉、米酒、水和做法2的药材，以大火煮至滚沸。

4. 转小火煮约60分钟，再加入其余调味料煮匀即可。

309 | 药炖乌鸡

● 材料

A 当归 ···············1钱
  熟地 ···············1钱
  人参片 ··············3钱
  红枣 ···············20颗
  川芎 ···············1钱
  参须 ···············1把
  枸杞子 ··············1钱
B 乌鸡 ············1200克
  生姜 ················5片
  水 ·············600毫升

● 调味料

料酒 ·············50毫升
盐 ·············1/2小匙

● 做法

1. 枸杞子洗净泡软沥干；乌鸡去内脏洗净，备用。

2. 将参须塞入乌鸡腹内，备用。

3. 取一砂锅，放入乌鸡、枸杞子和其他材料A，再加入姜片及水、料酒，用砂锅盖或是保鲜膜密封，放入蒸笼中用大火蒸约40分钟后熄火取出，最后加入盐调味即可。

注：1钱约等于3.75克。

Tips 好汤有技巧 ··············

如果家中的锅具够大的话，建议将整只乌鸡入锅熬煮，这样肉质才能保有原来的香甜，吃起来会更加美味！

310 | 沙参玉竹炖鸡

● 材料

土鸡块...............600克
沙参...............30克
玉竹...............60克
红枣...............3颗
水...............600毫升

● 调味料

盐...............1/2小匙

● 做法

1. 将土鸡块放入沸水中氽烫,洗净后去掉鸡皮备用。

2. 红枣、沙参、玉竹洗净,备用。

3. 将做法1、做法2的材料放入电锅内锅,再加入水和盐,放入电锅中,外锅加2杯水炖煮,待开关跳起即可。

311 | 仙草炖鸡汤

● 材料

鸡腿·····················2只
干仙草粉···········10克
姜·····················5克
鸡高汤··········600毫升
（做法参考P16）
枸杞子·············1大匙

● 调味料

米酒·················2大匙
盐·····················少许
糖·····················1小匙

● 做法

1. 将鸡腿剁成块，再放入沸水中氽烫，捞起沥干备用。
2. 姜洗净切片备用。
3. 取一个汤锅，放入鸡腿块，再加入干仙草粉、姜片、枸杞子、调味料和鸡高汤。
4. 盖上锅盖，以中小火炖煮约30分钟即可。

312 | 青木瓜鸡汤

● 材料

土鸡肉块··········600克
青木瓜··········600克
姜片·················15克
水············2500毫升

● 调味料

盐·····················1小匙
鸡精···············1/2小匙
米酒·················1大匙

● 做法

1. 青木瓜洗净去皮、去籽，切块备用。
2. 土鸡肉块洗净，放入沸水中略余烫后，捞起冲水洗干净，沥干备用。
3. 取锅，放入青木瓜块、姜片、水和土鸡肉块，以大火煮至滚沸。
4. 转小火，并盖上锅盖煮约50分钟，再加入调味料拌匀即可。

Tips 好汤有技巧·················

调味料要最后放，特别是盐，先放盐会使肉中的水分快速释出，并加速蛋白质的凝固，使得肉质变硬，肉的鲜味不会融入到汤里。

313 | 莲子薏米鸡汤

● 材料

乌鸡肉……………300克
莲子………………30克
薏米………………20克
红枣………………5颗
姜片………………15克
水…………………1200毫升

● 调味料

料酒………………10毫升
盐…………………1/2小匙
鸡精………………1/4小匙

● 做法

1. 乌鸡肉剁小块，放入沸水中氽烫去脏血，再捞出用冷水冲凉洗净。
2. 将乌鸡肉块与其他材料一起放入汤锅中，再加入水，以中火煮至滚沸。
3. 待鸡汤滚沸后捞去浮沫，再转微火，加入料酒，盖上锅盖煮约90分钟，关火起锅后加入盐与鸡精调味即可。

314 | 柿饼鸡汤

● 材料

鸡……………………1只
水………………… 2200毫升
柿饼……………… 250克
（带白色糖霜）
枸杞子……………… 15克
红枣……………… 20颗

● 调味料

糖……………………1大匙
盐…………………1小匙
鸡精………………1小匙

● 做法

1. 将鸡处理干净后，放入沸水中氽烫3分钟，再冲洗干净。
2. 将柿饼切成四等份备用。
3. 将鸡放入炖锅中，加入水、柿饼、枸杞子、红枣及调味料，炖煮约1小时即可。

233

315 | 鲜奶炖鸡汤

● 材料

土鸡·············· 600克
高汤··········· 1000毫升
鲜奶··········· 1000毫升
红枣·············· 5颗
姜片·············· 5克

● 调味料

盐·············· 少许

● 做法

1. 土鸡切成块，放入沸水中汆烫；姜洗净、切片备用。
2. 取一汤锅，倒入高汤、鲜奶、土鸡块、红枣及姜片，以大火煮开后加锅盖转小火煮2小时，起锅前加入盐调味即可。

Tips 好汤有技巧

熬汤要先以大火来煮，尤其是含骨髓的肉类食材，先以高温将血水、浮末逼出，捞除后再以小火慢熬。火力不要忽大忽小，否则容易让食材粘锅而破坏美味。

316 | 黄芪田七炖鸡腿

● 材料

鸡腿·············· 300克
香菇·············· 5朵
黄芪·············· 20克
田七·············· 10克
枸杞子············· 5克
水············· 1500毫升

● 调味料

盐·············· 少许
米酒············· 少许

● 做法

1. 鸡腿洗净，放入沸水汆烫去除血水，捞起以冷水洗净；香菇洗净泡软后切块，备用。
2. 取一砂锅，放入1500毫升水煮沸后，放入鸡腿，继续以大火煮沸后，转小火煮约30分钟。
3. 将其余材料加入砂锅中，继续煮约1小时，起锅前加入调味料拌匀即可。

317 | 山药枸杞炖乌鸡

● 材料

乌鸡·············· 1/4只
水·············· 2000毫升
山药·············· 5克
枸杞子·············· 1大匙
红枣·············· 6颗
姜片·············· 1片

● 调味料

米酒·············· 2大匙
盐·············· 少许

● 做法

1. 乌鸡切大块过水汆烫备用。
2. 取一炖盅，加入水、乌鸡块、山药、枸杞子、红枣、姜片、米酒等材料后，在炖盅口上封上一层保鲜膜。
3. 放入蒸笼里，以大火蒸90分钟后取出，加盐调味即可。

Tips 好汤有技巧

乌鸡用蒸煮的方式来制作鸡汤，更能保留住鸡汤的原味，更滋补养身。

318 | 烧酒凤爪

● 材料

A 当归·············· 1钱
  川芎·············· 1钱
  黄芪·············· 3钱
  参须·············· 1把
  甘草·············· 2片
B 枸杞子·············· 1钱
  鸡爪·············· 10只
  水·············· 500毫升
  红辣椒丝·············· 少许

● 调味料

料酒·············· 50毫升
盐·············· 1大匙
鸡精·············· 1小匙
冰糖·············· 1小匙

● 做法

1. 鸡爪洗净去爪甲，放入沸水中汆烫约5分钟捞起，洗净并将每一只鸡爪对半切开，沥干水分；枸杞子洗净泡软沥干，备用。
2. 取一砂锅，加入水及材料A开中火煮至水沸后，转小火持续以小滚的状态煮至汤汁约剩2/3，加入鸡爪持续煮5分钟，再加入枸杞子及所有调味料搅拌均匀后熄火即可。

注：1钱约等于3.75克。

319 | 莲藕白果鸡汤

● 材料

乌鸡肉…………300克
莲藕……………60克
红枣……………5颗
白果……………40克
姜片……………15克
水…………1200毫升

● 调味料

盐………………1/2小匙
鸡精……………1/4小匙

● 做法

1. 乌鸡肉剁小块，放入沸水中汆烫去脏血，再捞出用冷水冲凉洗净，备用。
2. 莲藕去皮、切小块，与红枣、白果、姜片及乌鸡肉块一起放入汤锅中，再加入水，以中火煮至滚沸。
3. 待鸡汤滚沸后捞去浮沫，再转微火，盖上锅盖煮约1.5小时，关火取出后加入调味料调味即可。

320 | 雪莲子红枣鸡汤

● 材料

土鸡肉…………300克
雪莲子…………40克
红枣……………6颗
姜片……………15克
水…………1200毫升

● 调味料

盐………………1/2小匙
鸡精……………1/4小匙

● 做法

1. 雪莲子用冷水（分量外）浸泡约2小时至胀发后，捞出沥干水分备用。
2. 土鸡肉剁小块，放入沸水中汆烫去脏血，再捞出用冷水冲凉洗净备用。
3. 将土鸡肉块与雪莲子一起放入汤锅中，加入红枣及姜片，以中火煮至滚沸。
4. 待鸡汤滚沸后捞去浮沫，再转微火，盖上锅盖煮约1.5个小时，起锅后加入调味料调味即可。

321 | 罗汉果香菇鸡汤

● 材料

土鸡肉·············200克
罗汉果·············8克
泡发香菇·············5朵
桂圆肉·············5克
姜片·············15克
水·············500毫升

● 调味料

盐·············3/4小匙
鸡精·············1/4小匙

● 做法

1. 土鸡肉剁小块，放入沸水中汆烫去脏血，再捞出用冷水冲凉洗净，备用。
2. 泡发香菇切小块，与土鸡肉块及罗汉果、姜片、桂圆肉一起放入汤盅中，再加入水，盖上保鲜膜。
3. 将汤盅放入蒸笼中，以中火蒸约1小时，蒸好取出后加入调味料调味即可。

322 | 无花果山药鸡汤

● 材料

乌鸡肉·············300克
大黄·············90克
无花果·············50克
山药·············30克
姜片·············15克
水·············1200毫升

● 调味料

盐·············1/2小匙
鸡精·············1/4小匙

● 做法

1. 乌鸡肉剁小块，放入沸水中汆烫去脏血，再捞出用冷水冲凉洗净；大黄去皮、去籽后，切小块，与乌鸡肉块一起放入汤锅中，再加入水备用。
2. 将无花果、山药、姜片一起加入汤锅中，以中火煮至滚沸。
3. 待鸡汤滚沸后捞去浮沫，再转微火，盖上锅盖煮约1.5小时，起锅后加入所有调味料调味即可。

323 | 姜母鸭

● 材料

鸭肉⋯⋯⋯⋯⋯1200克
老姜⋯⋯⋯⋯⋯200克
黑香油⋯⋯⋯⋯ 3大匙
水⋯⋯⋯⋯⋯ 3000毫升

● 调味料

米酒⋯⋯⋯⋯300毫升
盐⋯⋯⋯⋯⋯⋯⋯少许
鸡精⋯⋯⋯⋯⋯1小匙

● 做法

1. 鸭肉洗净，沥干备用。
2. 老姜洗净，拍扁备用。
3. 热锅，加入黑香油后，再放入老姜以小火爆香至微焦。
4. 放入鸭肉块，以大火翻炒至变色，再加入米酒炒香，加水煮沸后，以小火煮约60分钟。
5. 加入盐和鸡精煮匀即可。

Tips 好汤有技巧⋯⋯⋯⋯⋯⋯

老姜选购时以不皱缩枯萎、不腐烂者为佳，老姜不适合冷藏保存，因为容易使水分流失，若没切过，可直接放在通风处保存。

324 | 当归鸭

● 材料

A

鸭肉·······················900克
水················2500毫升
B
当归·······················30克
川芎·······················10克
黄芪·······················20克
红枣·······················8颗
熟地·······················1片
桂枝·······················20克
桂皮·······················15克

● 调味料

米酒··············300毫升
盐·······················少许
鸡精·······················少许

● 做法

1. 鸭肉洗净切块，放入沸水中略汆烫后，捞起冲水洗净，沥干备用。

2. 材料B洗净，沥干备用。

3. 取锅，放入鸭肉、做法2的药材、水和米酒，以大火煮至滚沸。

4. 转小火煮约90分钟后，加入盐和鸡精煮匀即可。

325 | 山药薏米鸭汤

● 材料

鸭……………………1/2只
山药…………………100克
薏米…………………1大匙
老姜片…………………6片
葱（取葱白）…………2根
水………………1000毫升

● 调味料

盐……………………1小匙
鸡精………………1/2小匙
绍兴酒………………1大匙

● 做法

1. 薏米以水泡4小时；山药去皮切块，汆烫后过冷水，备用。
2. 鸭剁小块、汆烫洗净，备用。
3. 姜片、葱白用牙签串起，备用。
4. 取电锅内锅，放入所有材料，再加入1000毫升水及调味料。
5. 将内锅放入电锅里，外锅加入1杯水，盖上锅盖、按下开关，煮至开关跳起后，捞除姜片、葱白即可。

326 | 陈皮鸭汤

● 材料

鸭……………………1/2只
陈皮……………………3片
老姜片…………………6片
葱（取葱白）…………2根
水………………1000毫升

● 调味料

盐……………………1小匙
鸡精………………1/2小匙
绍兴酒………………1大匙

● 做法

1. 鸭剁小块、汆烫洗净，备用。
2. 陈皮用水泡至软、削去白膜切小块，备用。
3. 姜片、葱白用牙签串起，备用。
4. 取电锅内锅，放入所有材料，再加入1000毫升水及调味料。
5. 将内锅放入电锅里，外锅加入1杯水，盖上锅盖、按下开关，煮至开关跳起后，捞除姜片、葱白即可。

327 | 药炖排骨

● 材料
A 排骨600克、水1800毫升
B 当归10克、党参15克、黄
　芪15克、红枣10颗、枸杞
　子10克

● 调味料
米酒150毫升、盐少许

● 做法
1. 排骨洗净，放入沸水中略汆烫后，捞起冲水
　搓洗干净，沥干备用。
2. 材料B用水略冲洗一下，沥干备用。
3. 取锅，放入排骨、水和做法2的药材后，加入
　米酒以大火煮至滚沸。
4. 转小火，盖上锅盖煮约80分钟后，加盐煮匀
　即可。

Tips 好汤有技巧

　　在家煮药炖排骨，如果觉得要长时间注意炉火较麻烦，也可以将材料都加
入电锅内锅中，再放入电锅中炖煮，外锅加入3杯水，煮至开关跳起，再加入
调味料拌匀即可；药炖排骨煮至滚沸后，先改转小火，再加盖慢慢炖煮，如此
一来容易入味，而且排骨肉也不会煮得太过软烂。

328 马来西亚肉骨茶

● 材料
A 排骨2000克、水4000毫升
B 蒜头3粒、蘑菇(或冬菇)1
罐、油豆腐10个
C 上海青、香菜适量

● 调味料
酱油1/2杯、盐适量

● 中药材
党参25克、枸杞子10克、川
芎5克、黑枣5粒、甘草3克、
陈皮2片、桂皮1片(长约
5cm)、八角2颗、罗汉果1/4
个、当归1片、大茴香1/2小
匙、花椒1/2小匙、胡椒粒1/2
小匙、桂枝1/2小匙、甘蔗2根
(长约10厘米)

● 做法
1. 将中药材中的胡椒粒拍碎，甘蔗拍扁，与其
   余中药材一起做成药包备用。
2. 将排骨切成5cm长的段，汆烫备用；蒜头拍
   扁，上海青汆烫备用。
3. 将药包、调味料与水放入锅内煮沸，加入排
   骨段、材料B，转小火熬煮约1小时至肉软。
4. 食用时再放入上海青及香菜即可。

Tips 好汤有技巧.............

肉骨茶可分为两种，分别为新加坡式
和马来西亚式，两者除香料不一样之外，
中药的浓厚度也是主要影响口味的地方。

329 | 雪蛤排骨炖香梨

● 材料

罐头雪蛤·············· 10克
排骨·················300克
香梨·················1个
鲜香菇·················1朵
姜·················8克
高汤·············600毫升
红枣·················10颗
枸杞子·················5克

● 调味料

冰糖·················1小匙
盐·················少许

● 做法

1. 排骨切成小块，放入沸水中汆烫，捞起沥干备用。
2. 梨洗净去皮，切成大片去籽备用。
3. 香菇和姜洗净切成片备用。
4. 取一个小炖盅，放入排骨、香梨片、红枣、枸杞子和香菇、姜片，再加入冰糖和盐。
5. 炖盅内加入高汤，包覆耐热保鲜膜，放入电锅中，外锅加入2杯水，蒸约30分钟。
6. 取出炖盅，加入雪蛤（含汤汁）即可。

330 | 黑枣猪尾汤

● 材料

猪尾·················300克
黑枣·················10颗
核桃·················20克
姜片·················8克
水·············1500毫升

● 调味料

米酒·················1大匙
盐·················少许

● 做法

1. 猪尾洗净，切段，放入沸水中汆烫去血水，捞起以冷水洗净备用。
2. 黑枣、核桃以冷水冲洗去除杂质，备用。
3. 取一砂锅，放入猪尾段、1500毫升水，以大火煮沸后，转小火继续煮约1小时。
4. 将姜片、米酒、黑枣、核桃放入砂锅中，继续以小火煮约半小时，起锅前加盐调味即可。

331 | 炖尾冬骨

● **材料**

A 红枣·················10粒
　枸杞子··············1钱
　参须··················1把
B 猪尾冬骨············1只
　生姜··················5片
　药炖排骨汤汁·····360
　毫升
　（做法参考P241）

● **调味料**

料酒················100毫升
盐····················1小匙

● **做法**

1. 枸杞子洗净泡软沥干；红枣洗净备用。

2. 猪尾冬骨放入沸水中氽烫5分钟去血水杂质，洗净沥干备用。

3. 取一砂锅，放入猪尾冬骨及药炖排骨汤汁，再加入姜片、红枣、枸杞及参须并淋上米酒，用砂锅盖或是保鲜膜密封，放入蒸笼用大火蒸约40分钟熄火取出，最后加入盐调味即可。

注：1钱约等于3.75克。

Tips 好汤有技巧

　　猪尾冬骨即为猪尾巴连接脊髓骨尾端的部位，通常以整条猪尾椎为单位贩卖。如果觉得用整条炖比较麻烦，可以先剁成小块。再来因为猪尾的毛较多，处理上除了请贩售老板帮你清除干净外，也可以回家自己用火烧法来去除毛根，利用铁钳夹着猪尾椎在炉火上稍微过火，如此毛根便会较容易脱落，再放入热水内清洗干净即可，这样清除毛根既方便又省力！

332 当归花生猪脚汤

● 材料

猪前脚	250克
花生	2大匙
当归	2片
红枣	5颗
老姜片	15克
葱（取葱白）	2根
水	800毫升

● 调味料

盐	1/2小匙
鸡精	1/2小匙
料酒	1小匙

● 做法

1. 花生以水泡8小时后沥干；当归、红枣洗净，备用。
2. 猪前脚剁块、汆烫洗净，备用。
3. 姜片、葱白用牙签串起，备用。
4. 取电钟内锅，放入所有材料，再加入800毫升水及调味料。
5. 将内锅放入电锅里，外锅加入2杯水，盖上锅盖、按下开关，煮至开关跳起后，捞除姜片、葱白即可。

333 猪肝艾草汤

● 材料

艾草	6克
猪肝	200克
水	1200毫升
香菜	少许
淀粉	适量
姜丝	20克

● 调味料

米酒	1大匙
糖	适量
盐	适量

● 做法

1. 将猪肝去除血水后除筋膜，再以流动的清水洗净，切片，加入酒、淀粉腌抓一下，放入沸水中汆烫一下即捞起备用。
2. 取一汤锅，加入水煮至滚沸，放入姜丝再以中火煮约3分钟，再放入艾草、盐、糖调味。
3. 加入猪肝稍煮一下即可。

334 | 巴戟杜仲炖牛腱

● 材料

牛腱·····················600克
巴戟天···················30克
杜仲······················5片
水·····················800毫升

● 调味料

盐·······················1小匙
米酒······················3大匙

● 做法

1. 将牛腱切块，放入沸水中汆烫，洗净备用。

2. 巴戟天、杜仲洗净用水泡30分钟备用。

3. 将做法1、做法2的材料放入电锅内锅中，加入水、米酒和盐调味，外锅加2杯水，煮至开关跳起即可。

335 | 药炖牛肉片汤

● 材料

牛肉片	100克
葱花	1/2小匙
姜片	5片

● 调味料

药炖排骨汤汁·300毫升
（做法参考P241）
料酒················1/2小匙

● 做法

1. 姜片切成细丝备用。
2. 牛肉片先用水洗净血水，再放入沸水中余烫3分钟至肉质达到8~9分熟即可捞起备用。
3. 将姜丝及牛肉片盛入碗中，倒入加热过的药炖排骨汤，再撒上葱花并淋上料酒即可。

336 | 杏片蜜枣瘦肉汤

● 材料

猪后腿窝肉	150克
甜杏仁	1大匙
干百合	1大匙
蜜枣	1颗
陈皮	1片
老姜片	15克
葱（取葱白）	2根
水	800毫升

● 调味料

盐	1/2小匙
鸡精	1/2小匙
绍兴酒	1小匙

● 做法

1. 甜杏仁、干百合用水泡约8小时后沥干，备用。
2. 猪后腿窝肉剁小块、余烫洗净；姜片、葱白用牙签串起，备用。
3. 陈皮用水泡至软，削去白膜；蜜枣洗净，备用。
4. 取电锅内锅，放入所有材料，再加入800毫升水及调味料。
5. 将内锅放入电锅里，外锅加入1杯半水，盖上锅盖、按下开关，煮至开关跳起后，捞除姜片、葱白即可。

337 | 清炖羊肉汤

● 材料

A
羊肉···············700克
白萝卜···········300克
姜片···············20克
水·············2500毫升
B
当归···············10克
枸杞子············10克

● 调味料

盐·················1小匙
鸡精············1/2小匙
米酒············200毫升

● 做法

1. 羊肉洗净切块，放入沸水中汆烫后，捞出冲水，沥干备用。

2. 材料B略冲水洗净，沥干备用。

3. 白萝卜洗净，去皮切块备用。

4. 取锅，放入羊肉块、做法2的药材、水和米酒，以大火煮至滚沸，改转小火煮约50分钟。

5. 加入白萝卜块煮约30分钟，加入其余调味料拌匀即可。

338 | 药膳羊肉汤

● 材料

A
羊肉·······················1200克
水·····················2200毫升
B
姜片·························10克
当归·························15克
川芎·························15克
红枣··························8颗
黄芪·························20克
熟地·························15克
丁香························适量
桂皮························适量

● 调味料

盐····························适量
鸡精··························适量
米酒·····················200毫升

● 做法

1. 羊肉洗净切块，放入沸水中氽烫后，捞出冲水，沥干备用。
2. 材料B略冲水洗净，沥干备用。
3. 取砂锅，放入羊肉块、做法2药材材料、水和米酒以大火煮沸。
4. 转小火煮约90分钟，再加入其余调味料煮匀，盛入碗中即可。

339 | 红烧羊肉汤

● 材料

A
羊肉························900克
姜片·························30克
水·····················2500毫升
B
草果··························1颗
丁香··························3克
花椒··························3克
桂皮·························10克

● 调味料

辣豆瓣酱···················2大匙
米酒·····················150毫升
盐····························1小匙
鸡精······················1/2小匙
冰糖······················1/4小匙

● 做法

1. 羊肉洗净切块备用。
2. 材料B拍碎，装入棉袋中。
3. 取锅，加入油烧热，放入姜片爆香后，加入辣豆瓣酱炒香，再放入羊肉块炒至变色，最后加入米酒略拌炒。
4. 加入水煮至滚沸，再放入药材包，以小火煮约80分钟，再加入调味料煮匀，盛入碗中即可。

340 | 药炖鲶鱼汤

● 材料

A 鲶鱼··············1200克
　姜片··············· 15克
　水···········2000毫升
　罗勒···············少许

B 当归··············· 25克
　川芎··············· 10克
　黄芪··············· 15克
　熟地················1片
　参须··············· 20克
　桂枝··············· 15克
　枸杞子············· 15克

● 调味料

盐··················适量
鸡精················适量
米酒···········100毫升

● 做法

1. 鲶鱼洗净切大块，放入沸水中略氽烫后，捞起冲水洗净，沥干备用。
2. 材料B洗净，沥干备用。
3. 取锅，放入做法2的药材，加入水和米酒，以大火煮至滚沸。
4. 转小火煮约50分钟，放入鲶鱼块和姜片煮熟后，再加入其余调味料煮匀，放上姜丝和罗勒即可。

Tips 好汤有技巧

鲶鱼胶质含量多，尤其富含大量胶原蛋清，性质与鳗鱼相似。

341 | 当归虱目鱼汤

● 材料

虱目鱼	1条
当归	15克
黄芪	30克
川芎	20克
枸杞子	10克
姜片	10克
水	1800毫升

● 调味料

米酒	100毫升
盐	少许

● 做法

1. 虱目鱼洗净，切成5大块；所有中药以冷水冲洗去除杂质，备用。
2. 取一汤锅，放入1800毫升水与除枸杞子外的其余材料，以小火煮约15分钟。
3. 将虱目鱼块放入汤锅中，以小火继续煮约20分钟。
4. 将枸杞子、米酒加入汤锅中，再煮约5分钟，起锅前以盐调味即可。

342 | 药膳炖鱼汤

● 材料

石斑鱼（切段）	600克
牛蒡片	200克
当归	3片
川芎	5片
桂枝	8克
黄芪	10片
参须	1小束
红枣	30克
姜片	10克
水	2000毫升

● 调味料

盐	1小匙
米酒	60毫升

● 做法

1. 石斑鱼段放入沸水中汆烫，捞出后洗净备用。
2. 取一锅，加入2000毫升的水，放入牛蒡片、当归、川芎、桂枝、黄芪、参须，以小火煮约40分钟，使香味全部释放出来。
3. 锅中放入鱼段、红枣、姜片与剩余调味料，盖上保鲜膜，放入蒸笼中，以大火蒸约20分钟取出即可。

251

343 | 当归杜仲鱼汤

● 材料

鲈鱼·······················1条
当归························8克
杜仲························8克
老姜·······················数片
枸杞子·····················少许
水·····················1500毫升

● 调味料

米酒······················少许
盐·························少许

● 做法

1. 鲈鱼去鳞、内脏洗净后，切成5段。
2. 将当归、枸杞子、杜仲泡在100毫升的冷水中约20分钟。
3. 将做法1、做法2的所有材料以及1500毫升水放入电锅内锅中，外锅加入200毫升水，待12~15分钟后电锅开关跳起即可。

344 | 百合山药鲈鱼汤

● 材料

干百合·····················15克
鲈鱼·······················500克
山药·······················20克
枸杞子·····················10克
姜片························5克
水·····················1300毫升

● 调味料

盐·························少许
米酒······················2大匙

● 做法

1. 干百合以冷水浸泡约20分钟；山药、枸杞子略冲洗，备用。
2. 鲈鱼去鳞、冲洗干净、切大块放入沸水中汆烫去血水，捞起备用。
3. 取一砂锅，放入1300毫升水煮沸后，放入山药、百合，转小火煮约10分钟。
4. 将姜片与枸杞子、鲈鱼放入砂锅中，以小火继续煮约30分钟，起锅前加入所有调味料拌匀即可。

345 | 鱼头木瓜汤

● 材料

三文鱼头………… 1/4个　　生姜………………… 2片
青木瓜 ………… 1/4个　　水………………… 1000毫升
黄芪………………… 5片

● 做法

1. 青木瓜去皮切块，三文鱼头洗净剁块备用。
2. 锅中泾入1000毫升水，放入所有材料同煮10分钟即可。

346 | 青木瓜炖鱼

● 材料

鲈鱼（切段）……500克
青木瓜 …………300克
薏米……………50克
姜片……………20克
水………………1500毫升

● 调味料

盐………………1小匙
味精……………2小匙
米酒……………60毫升
香油……………1大匙

● 做法

1. 将鲈鱼段放入沸水中氽烫，捞出后洗净备用；青木瓜去皮切块备用；薏米用水泡6~8小时后，沥干备用。
2. 将所有调味料与姜片煮至沸腾，倒入电锅内锅中，加入鲈鱼段、青木瓜块、薏米，外锅加入2杯水（分量外），炖至电锅开关跳起即可。

Tips 好汤有技巧…………………
青春期女生多喝青木瓜炖汤，有丰胸的功效，青木瓜除了可以炖排骨之外，炖鱼也非常适宜，不论是鲈鱼还是其他鲜鱼都可以。

347 | 归芪炖鲜鲤

● 材料

鲤鱼······················1条
当归······················2片
枸杞子····················30粒
黄芪······················3片
桂枝······················2克
红枣······················4颗
人参须····················1小束
老姜······················50克

● 调味料

水·····················500毫升
盐······················1/2大匙
米酒·····················60毫升

● 做法

1. 将鲤鱼去除内脏、鱼鳞、鳃，洗净后放入沸水氽烫约30秒后捞出，以冷水冲凉洗净，备用。
2. 当归、枸杞子、黄芪、人参须洗净；老姜切片，备用。
3. 将鲤鱼、当归、枸杞子、黄芪、桂枝、红枣、人参须、老姜片和水、盐、米酒，全放入汤盅里。
4. 将汤盅盖子盖好，放入蒸笼，以大火蒸120分钟。
5. 蒸完后，将汤盅从蒸笼中取出，再将炖好的汤盛至碗中即成。

348 | 雪蛤红枣鲷鱼汤

● 材料

雪蛤	10克	牛奶	2大匙
鲷鱼	80克		
水	600毫升	**● 调味料**	
罗勒	1片	盐	1小匙
红枣	6颗	米酒	2大匙
姜片	1片		

● 做法

1. 雪蛤以热水浸泡一夜至胀大后，用水清洗去除掉杂质及黏膜，再用清水漂洗1小时备用。
2. 鲷鱼切片，加入盐腌制数分钟备用。
3. 取一汤锅，在锅中加入水后以大火煮开，加入雪蛤、鲷鱼片、红枣与姜片转小火煮20分钟，起锅前加入米酒、牛奶即可。

> **Tips 好汤**有技巧
> 雪蛤一般干货店都有贩卖，这种色白软滑的汤品材料其实应称为"蛤士蟆油"，是雪蛤的卵巢与输卵管外所附的脂肪，又名"雪蛤膏"或"蛤蟆油"。

349 | 鲍鱼炖竹荪

● 材料

		● 调味料	
鲍鱼	1个	蚝油	2大匙
竹荪	10克	冰糖	1大匙
水	2000毫升	米酒	2大匙
甘草	1大匙		
枸杞子	1小匙		
姜	1片		

● 做法

1. 鲍鱼切片备用；竹荪洗净后切成约4厘米长的段备用。
2. 取一汤锅，在锅中加入水、鲍鱼、甘草、枸杞子、姜及调味料，以大火煮开后加锅盖转小火煮1.5小时。
3. 加入竹荪继续煮20分钟即可。

> **Tips 好汤**有技巧
> 鲍鱼有未发的干鲍鱼及罐头包装的，因干的鲍鱼胀发方法较为繁复，不适合家庭制作，故建议买罐头包装的即可。

350 | 十全素补汤

● 材料

十全中药包............1包
素羊肉..............300克
素火腿..............200克
热开水..............8杯

● 调味料

盐.................少许
米酒...............1大匙

● 做法

1. 取一汤锅，将十全中药包放入，盖上锅盖，以大火煮沸。
2. 转小火后加入其他材料及料酒继续煮15分关火，再加盐调味即可。

> **Tips 好汤有技巧**
>
> 若觉得照着食谱中的时间煮出来的成品，中药味仍然不够浓，可先将中药包以冷开水浸泡20分钟，使其味道、颜色渗出后，再全部一起放入高压锅中炖煮，这样就会较快出味了；另外，十全中药包中的熟地通常已经浸过酒了，所以就不需要再加酒，不然酒味会太浓。

351 | 蔬菜四物汤

● 材料

加味四物汤随身包·3包
水...............1500毫升
圆白菜..............50克
香菜...............少许
西芹................20克
胡萝卜..............30克
上海青...............4片

● 做法

1. 将上海青洗净，圆白菜、西芹、胡萝卜洗净切片备用。
2. 取一汤锅，加入2/3水以大火煮沸。
3. 将3包加味四物汤随身包倒入其中，转小火烹煮沸即可。
4. 将圆白菜、胡萝卜加入其中以中火烹煮2分钟。
5. 加入西芹、上海青烹煮3分钟即可。

352 | 番茄土豆牛肉汤

● 材料

牛腱⋯⋯⋯⋯⋯600克
番茄⋯⋯⋯⋯⋯ 2个
土豆⋯⋯⋯⋯⋯ 2个
水⋯⋯⋯⋯⋯2000毫升
姜片⋯⋯⋯⋯⋯ 5片

● 调味料

盐⋯⋯⋯⋯⋯1/2小匙

● 做法

1. 将牛腱切块，放入沸水中汆烫，洗净备用。
2. 将土豆去皮，番茄洗净，都切成滚刀大块。
3. 将牛腱块和土豆块放入汤锅中，再加入水、姜片，以小火煮1.5小时。
4. 加入番茄块和盐调味，再炖煮30分钟即可。

Tips 好汤有技巧⋯⋯⋯⋯⋯

无论是牛肉还是猪肉，都要切成适当的大小后再用来煮汤；肉类煮汤前要先放入沸水中汆烫，这个步骤绝不可省略。

353 | 清炖萝卜牛肉汤

● 材料

牛腱······················600克
白萝卜····················300克
胡萝卜····················100克
水·······················2000毫升
姜片······················5片

● 调味料

盐·······················1/2小匙

● 做法

1. 将牛腱切块，放入沸水中汆烫，洗净备用。
2. 胡萝卜、白萝卜去皮洗净，切成长方小块，放入沸水中汆烫备用。
3. 将做法1、做法2的材料放入汤锅中，加入水和姜片，以小火煮3小时，再加盐调味即可。

354 | 青红萝卜牛腩汤

● 材料

牛腩	300克
白萝卜	50克
胡萝卜	50克
水	2000毫升

蜜枣	1颗
南北杏	少许
陈皮	3克

● 调味料

| 盐 | 少许 |
| 米酒 | 2大匙 |

● 做法

1. 牛腩切块，过水汆烫备用；白萝卜、胡萝卜洗净切滚刀块备用。

2. 取一汤锅，在锅中加入水、牛腩、蜜枣、南北杏、陈皮，以大火煮沸后加锅盖再转小火煮1小时。

3. 加入白萝卜块、胡萝卜块一起继续煮1小时即可。

Tips 好汤有技巧

有人认为牛肉有股腥味，而萝卜有去腥的作用，与牛腩同煮最好。

355 | 山药煲牛腱

● 材料

牛腱·················· 250克
山药·················· 5克
陈皮·················· 3克
姜片·················· 2片
高汤·················· 2000毫升

● 调味料

盐···················· 少许
米酒·················· 1大匙

● 做法

1. 牛腱切成厚片，过水汆烫备用。
2. 取一砂锅，在砂锅中加入所有材料及调味料，以大火煮开后加锅盖转小火继续煮2.5小时即可。

356 | 无花果煲猪腱汤

● 材料

猪腱肉·············300克
无花果干···········100克
姜片················20克
水···············1500毫升

● 调味料

盐················1小匙

● 做法

1. 将无花果干洗净备用。
2. 猪腱肉放入沸水中汆烫至变色，捞出洗净切块备用。
3. 将猪腱肉和无花果干放入砂锅内，加入1500毫升水及姜片，以大火煮开后转小火继续煮2小时，再加入盐调味即可。
4. 享用时可将猪腱捞出切块，与汤分别品尝。

> **Tips 好汤有技巧**
> 无花果一般选用可直接食用的果干即可，因为要长时间煲煮，所以果干会比新鲜或腌渍的无花果适合，久煮后肉质不会散掉，香味也更浓郁。

357 | 蔬果煲排骨

● 材料

排骨·············200克
洋葱·············150克
苹果·············150克
青木瓜···········200克
水···············1600毫升

● 调味料

盐················少许

● 做法

1. 排骨洗净后，放入沸水中汆烫去血水，捞起以冷水冲洗，备用。
2. 洋葱洗净切块；苹果去皮、切成块；青木瓜去皮、去籽后切成块，备用。
3. 取一汤锅，放入1600毫升水，以大火煮沸后，放入排骨转小火煮约30分钟。
4. 将洋葱块、苹果块、青木瓜块放入汤锅中，以小火再煮约1小时，起锅前加入盐调味即可。

> **Tips 好汤有技巧**
> 洋葱有增强免疫力、促进肠胃蠕动的效果；苹果和木瓜可以增加饱腹感、促进消化。

358 | 青木瓜黄豆煲猪蹄

● 材料

青木瓜⋯⋯⋯⋯200克
猪蹄⋯⋯⋯⋯⋯300克
黄豆⋯⋯⋯⋯⋯100克
陈皮⋯⋯⋯⋯⋯100克
水⋯⋯⋯⋯⋯2000毫升

● 调味料

盐⋯⋯⋯⋯⋯少许

● 做法

1. 青木瓜去籽、切成块；猪蹄洗净、放入沸水中汆烫去血水后，以冷水冲洗，备用。
2. 黄豆洗净，以冷水浸泡约5小时后备用。
3. 将猪蹄放入砂锅中，加入2000毫升水，以大火煮沸后，转小火继续煮约1小时。
4. 将陈皮、青木瓜块与黄豆放入砂锅中，以小火煮约1小时后，加入盐调味即可。

359 黄豆栗子煲猪蹄

● 材料

黄豆	30克	陈皮	3克
猪蹄	500克	栗子	70克
姜	1块		
水	2500毫升		
山药	3克		
枸杞子	1大匙		

● 调味料

盐	少许
米酒	3大匙

● 做法

1. 黄豆用水泡2小时备用；猪蹄洗净剁大块过水汆烫备用；姜洗净切片备用。
2. 取一汤锅，在锅中加入水、米酒、姜片、山药、枸杞子、陈皮与猪蹄，以大火煮开后加锅盖转小火煮1小时。
3. 加入黄豆及栗子继续以小火煮1小时，起锅前加入盐调味即可。

360 眉豆红枣猪脚煲

● 材料

猪蹄	300克
眉豆	100克
红枣	6颗
陈皮	10克
老姜	10克
水	2000毫升

● 调味料

盐	1小匙
米酒	1大匙

● 做法

1. 猪蹄放入沸水中汆烫至表面变白后，捞起以冷水冲洗，备用。
2. 眉豆以冷水浸泡约3小时，备用。
3. 取一砂锅，放入猪蹄、2000毫升水，以大火煮沸后，转小火再煮约1小时。
4. 将其他材料放入砂锅中，以小火继续煮约1小时后，加入所有调味料拌匀即可。

361 | 番茄薯仔煲牛腱

● 材料

牛腱·················600克
番茄·················200克
土豆·················150克
姜片···················20克
水················2000毫升

● 调味料

盐·····················1小匙

● 做法

1. 土豆洗净去皮、番茄洗净，均切滚刀块备用。
2. 牛腱放入沸水中氽烫至变色，捞出洗净切3厘米厚的片备用。
3. 将牛腱肉片、土豆及一半的番茄放入砂锅内，加入2000毫升水及姜片大火煮开，转小火继续煮2个半小时，最后加入剩余番茄，以盐调味继续煮沸即可。

362 | 药膳煲羊排骨

● 材料

A 羊排骨 ·········· 600克
　香油 ············· 3大匙
　姜片 ············· 10克
　米酒 ········· 500毫升
　水 ·········· 1300毫升
B 当归 ············· 10克
　川芎 ············· 10克
　黄芪 ············· 15克
　熟地 ·············· 1片
　陈皮 ············· 10克
　桂皮 ·············· 5克
　肉桂 ·············· 5克
　枸杞子 ··········· 10克

● 调味料

盐 ················· 少许

● 做法

1. 羊排骨洗净，放入沸水中氽烫去除血水，捞起以冷水洗净；所有材料B以冷水冲洗去除杂质后，备用。

2. 热一锅，放入香油、姜片、爆香后，放入羊排骨炒香，再加入米酒翻炒至入味。

3. 取一砂锅，将除枸杞子外材料B全部放入砂锅中，加入1300毫升水煮至沸腾。

4. 将羊排骨倒入其中，以大火煮沸后转小火煮约1个半小时，再放入枸杞子，加盐调味即可。

Tips 好汤有技巧 ················

　　此汤羊肉易消化，可温补阳气、健脾益肾、改善冬天手脚冰冷，加上多种中药，很适合作为秋冬滋补、增强抵抗力的汤品。

363｜干贝莲藕煲棒腿

● 材料

棒腿·················250克
干贝····················3个
莲藕·················200克
莲子··················50克
姜片····················5克
水···············1600毫升

● 调味料

盐····················少许
米酒··················少许

做法

1. 棒腿洗净，放入沸水中汆烫去血水，捞起以冷水洗净，备用。

2. 干贝以米酒泡软；莲藕去皮切片；莲子洗净，备用。

3. 取一砂锅，放入1600毫升水，以大火煮沸后，加入所有材料转小火煮约1小时，起锅前加盐调味即可。

364 | 猴头菇煲鸡汤

● 材料

土鸡·····················1/4只
猴头菇·····················1个
老姜·····················30克
水·····················800毫升

● 调味料

盐·····················1小匙
米酒·····················1大匙

● 做法

1. 土鸡剁小块，放入沸水氽烫1分钟后捞出备用。
2. 猴头菇洗净切片；老姜去皮切菱形片，备用。
3. 将做法1、做法2的所有材料、水和盐放入汤锅中，以小火煮1小时，再加入米酒略焖即可。

365 | 牛蒡萝卜煲瘦肉

● 材料

瘦肉·····················200克
牛蒡·····················100克
白萝卜·····················150克
胡萝卜·····················100克
草菇·····················50克
水·····················1500毫升

● 调味料

盐·····················少许

● 做法

1. 瘦肉切片、放入沸水中氽烫去血水；牛蒡去皮、切片；胡萝卜、白萝卜洗净去皮后切成块备用。
2. 取一砂锅，放入1500毫升水，以大火煮沸后，放入全部材料，转小火煮约1小时，起锅前加入盐调味即可。

366 | 甘蔗荸荠煲排骨汤

● 材料

排骨.............300克
甘蔗.............100 克
荸荠.............6个
红枣.............5颗
水...............1500毫升

● 调味料

盐...............少许

● 做法

1. 排骨洗净，放入沸水中汆烫去血水后，以冷水洗净，备用。

2. 荸荠去皮，洗净后切片，备用。

3. 甘蔗切小段后，再切成小块，备用。

4. 取一砂锅，放入排骨、1500毫升水煮沸后转小火，再加入红枣、荸荠、甘蔗块，煮至沸腾。

5. 转小火继续煮约1小时，加入盐调味即可。

Tips 好汤有技巧

此汤以增加体力、清热生津、促进排便的荸荠，搭配舒缓口干舌燥、消化不良症状的甘蔗，很适合炎热的天气饮用，并且能美肤哦。

367 冬瓜薏米煲鸡汤

● 材料

带皮冬瓜⋯⋯⋯⋯600克
土鸡⋯⋯⋯⋯⋯⋯1/2只
薏米⋯⋯⋯⋯⋯⋯100克
姜片⋯⋯⋯⋯⋯⋯20克
水⋯⋯⋯⋯⋯⋯2000毫升

● 调味料

盐⋯⋯⋯⋯⋯⋯1小匙

● 做法

1. 将冬瓜表皮刷洗干净后切5厘米见方的方块备用。
2. 土鸡剁块，放入沸水中汆烫至变色，捞出洗净备用。
3. 将所有食材放入砂锅内，加入2000毫升水及薏米，以大火煮开后转小火继续煮2小时，最后以盐调味即可。

368 冬瓜薏米炖鸭汤

● 材料

米鸭⋯⋯⋯⋯⋯⋯1/2只
冬瓜⋯⋯⋯⋯⋯⋯300克
薏米⋯⋯⋯⋯⋯⋯1大匙
老姜⋯⋯⋯⋯⋯⋯50克
水⋯⋯⋯⋯⋯⋯1200毫升

● 调味料

盐⋯⋯⋯⋯⋯⋯1小匙

● 做法

1. 米鸭剁小块，放入沸水中汆烫2分钟捞出备用。
2. 薏米洗净，在清水中泡1小时，沥干水分备用。
3. 老姜去皮切片；冬瓜去皮切块，备用。
4. 将薏米、米鸭、姜片及水放入汤锅中，以小火煮约90分钟。
5. 汤锅中加入冬瓜块继续煮约30分钟，再加入盐调味即可。

369 | 芋头鸭煲

● **材料**

米鸭⋯⋯⋯⋯⋯⋯ 1/2只
芋头⋯⋯⋯⋯⋯⋯200克
姜片⋯⋯⋯⋯⋯⋯20克
水⋯⋯⋯⋯⋯⋯1000毫升

● **调味料**

盐⋯⋯⋯⋯⋯⋯1小匙

● **做法**

1. 米鸭剁成小块，放入沸水汆烫2分钟后捞出备用。
2. 芋头去皮洗净，切滚刀块备用。
3. 热油锅至油温160℃，将芋头以小火炸约5分钟至表面酥脆，捞出沥干油分备用。
4. 热锅加适量色拉油，放入姜片、鸭肉用中火略炒。
5. 锅中加入水煮至沸腾后，转小火继续煮1小时。
6. 加入芋头煮至再次沸腾，放入盐调味即可。

370 | 黑豆桂圆煲乳鸽

● 材料

黑豆	30克
乳鸽	1只
桂圆	10克
金华火腿	10克
姜片	3片
陈皮	3克
高汤	2500毫升

● 调味料

米酒	3大匙
盐	少许

● 做法

1. 将黑豆以水浸泡备用；乳鸽清除掉内脏，过水汆烫备用。
2. 取一砂锅，在砂锅中加入所有材料及米酒，以大火煮开后加锅盖转小火煮1.5小时，起锅前加入盐即可。

371 | 山药豆奶煲

● 材料

无糖豆浆	800毫升
山药	300克
鸡腿	1个
蒜末	10克
枸杞子	少许

● 腌料

盐	少许
糖	少许
米酒	1小匙
淀粉	少许

● 调味料

盐	1/2小匙
鸡精	1/2小匙
白胡椒粉	少许

● 做法

1. 山药去皮切块；枸杞子冲洗干净，备用。
2. 鸡腿洗净、去骨切块，加入所有腌料拌匀，腌约20分钟备用。
3. 热一锅，加入适量色拉油，爆香蒜末，再加入鸡腿块，炒至颜色变白。
4. 锅中加入山药、枸杞及无糖豆浆，煮至滚沸后加入所有调味料，拌匀煮至入味即可。

SWEET SOUP

甜而不腻　甜汤篇

注重甜味、香味浓郁而不腻的甜汤，是一年四季都少不了的美味，不论冰的、热的都各有其独特风味，如果你爱上这种甜而不腻、百吃不厌的滋味，那甜汤篇绝对是不可错过的单元。

甜汤

美 味 关 键

① 杂粮事先挑拣

先将杂粮、豆子中较不完整的颗粒挑掉，因为杂粮豆类如果有损坏，熬煮出来的甜汤可能就会有怪味，有好品质的食材，煮出来的东西才能更美味可口。

② 依照食材调整入锅顺序

甜汤中需要长时间熬煮且不易熟的材料要先入锅烹煮，较易熟的材料要后入锅。在处理材料时，不妨依照煮熟的难易度分类，先将最不易熟的一类事先浸泡后，再入锅烹煮，然后将其余材料依煮熟的难易程度，在烹煮过程中，依序分批放入锅中炖煮。

③ 最后再加糖调味

甜汤的调味方式也和咸汤一样，要在食材煮熟后再加糖调味，如果太早调味，锅内的食材可能会无法煮至熟透，进而影响汤品及食材的口感。

熬煮甜汤好锅具

所谓"工欲善其事，必先利其器"，煮甜汤的器具选择也是美味关键之一，下面将为您一一介绍各种锅类有哪些用途和特色，适合用来做哪一类的甜汤，不同锅类做出来的口感有所不同，差异之处在哪里。

高压锅

高压锅最大的优点就是省时、省力以及省钱。它运用密封所产生的高压高温原理，在短时间内将食物煮透煮烂，可为主妇节省耗在厨房的大半时间，同时也省下不少燃气费，简直是家庭主妇不可或缺的帮手！高压锅因其高压高温，制作出来的甜汤食材，尤其绵密细致，令人爱不释口，甚至可以把红豆熬煮成沙质的豆沙。

砂锅

砂锅是传统古老的锅具，它由砂质陶土制作而成，这种特殊材料能够让食材平均受热，且处于长时间保温状态。利用砂锅制作甜汤，靠着细火慢炖，可解决食材无法入味的困扰让人吃到绵密、浓郁的甜汤，一口接着一口，简直是令人垂涎的美味！那么哪些食材适合用砂锅来烹调呢？颗粒大且坚硬的豆类，例如花生、红豆，或者不易煮烂的紫米等需要花费时间熬煮的食材皆宜。

电锅

电锅几乎是所有家庭必备的电器，它的优点是简单操作、不容易失败，开关会因内锅水分蒸干而自跳开，完全不需要随时关照火候状况，安全性极佳。对于单身或职业妇女来说，只要一只电锅就能餐餐吃到好味道，而且是无论什么甜汤几乎都可以做成功，即使复杂、不易掌握火候、长时间熬煮的甜汤，例如冰糖莲子汤、银耳红枣桂圆汤、花生汤等也不例外。

钢锅

钢锅是家中必备的烹饪器具之一，钢锅的类别繁多，可视家庭需要选择合适的大小。钢锅传热快，相对的散热也快，由于受热不平均，比较适合容易煮熟的食材，例如酒酿汤圆、传统甜汤圆等。如果煮较为费时的食材，最好是盖上锅盖焖煮，并不时注意火候，例如地瓜汤等。

选好糖煮糖水

糖是甜汤的灵魂，少了这一味便无法成就甜汤的美妙滋味。糖的用途，除了增加甜味之外，还可为甜汤增添风味，更为甜汤增色使之更美观。甜汤中最常用的糖有白砂糖、黄糖、红糖、冰糖等，每种糖的特点和可口感截然不同，制作甜汤时，你该如何挑选呢？

冰糖

冰糖属于精制糖，杂质少，甜度与白砂糖几乎相同，适合用在讲究无杂质的饮品中，例如咖啡或红茶。由于冰糖与白砂糖的甜度相当，色泽上也无差，所以两者可互为取代。如果家中没有白砂糖，以冰糖代替，也无损甜汤风味。

白砂糖

白砂糖的杂质低，纯度较二砂糖来得高，色泽洁白。为甜汤挑选糖时，可以把握以下原则，想喝清澈甜汤，可使用白砂糖，因为白砂糖杂质少、纯度高、色泽洁白，不会影响甜汤颜色；或者依食材色泽来选择，例如芋头椰汁西米露，因椰汁为淡白色的汤汁，所以选择不会改变汤汁色彩的白砂糖为佳。

黄糖

有蔗糖香味，色泽较黄，甜度与白砂糖类似。黄糖和白砂糖是最常见且最常使用的糖，两者甜度差不多，最大差别在于色泽上的不同。如果甜汤本身需要颜色来增添美观，可选偏黄的黄糖。例如，山粉圆本身带有淡淡的褐色，以黄糖调味就最为适宜。

红糖

口感略呈现蔗糖香味及少许焦糖味，甜度低，不过具有补血功效。甜汤中较少使用红糖，主要是甜度较低，所需糖量高，其次是独特的风味容易影响甜汤本身的味道，因此红糖可依个人喜好选择。喜欢焦糖味者，不妨尝试以红糖调味。此外，红糖长时间放置或过量亦会影响风味。

糖水制作

材料：
砂糖300克
水120毫升
热水300毫升

做法：
1. 把砂糖倒入炒锅中。
2. 加120毫升水。
3. 以小火，用锅铲将砂糖搅拌至变色，至逐渐产生焦化的味道。
4. 倒入300毫升的热水搅拌均匀。
5. 加入适量砂糖，增加甜度，此时糖的多少可视个人甜度喜好而添加。

块状红糖

块状红糖为红糖液的浓缩，所以纯度与甜度皆高于红糖。块状红糖风味浓厚，焦糖味亦浓，由于甜度较红糖高，故使用量相较红糖液要少，市面上常见的桂圆红枣茶就很适合用红糖调味。

挑选完美的豆子

煮甜汤免不了要加些红豆、绿豆、花生仁等谷物，虽然这些食材在超市都可以买到真空包装，但是如果知道如何挑选，且在煮甜汤之前再筛选一次，你的甜汤就会更好吃。

红豆

红豆温润的口感与丰富的营养素，深受女性喜爱，挑选红豆要注意，以富有光泽、形状饱满、色泽鲜暗红，外观干燥且无怪味者为优等品，若有破裂或潮湿则是较不新鲜的红豆。

绿豆

绿豆是夏季消暑解热的最佳食品。挑选绿豆时要把发芽腐烂、有斑点、破损或虫咬的剔除，选择颜色全绿、颗粒完整且具光泽者。绿豆搭配薏米食用味道更好，薏米温和的口感可中和绿豆略带干涩的口感。

花生仁

花生仁和一般花生不同，要煮甜汤新鲜度很重要，若选到有霉味的花生仁会坏了整锅汤品，所以干燥为美味关键之一。花生仁要挑选色泽呈象牙白者，形状要完整，稍微有点黄色的花生仁都要挑掉，以免坏了一锅美味。

薏米

薏米的种类很多，最常见的是大薏米、小薏米、脱心薏米三种。一般在市面上常见的是大薏米，大薏米中间有一条黑线，类似胚芽，味道较重。若用于制作甜汤，则建议挑选脱心薏米或小薏米，因为脱心薏米味道淡雅，不仅能缩短熬煮时间，且没有大薏米厚重的豆味。

372 | 红豆汤

● 材料

红豆·············200克　　水·············3000毫升
黄糖·············170克

● 做法

1. 检查一遍红豆，将破损的红豆挑出，保留完整的红豆。
2. 将挑选出来的红豆清洗干净，以冷水浸泡约2小时。
3. 取一锅，加入可盖过红豆的水量煮沸，再放入红豆汆烫去除涩味，烫约30秒后，捞出沥干。
4. 另取一锅，加入3000毫升水煮开，放入红豆以小火煮约90分钟。
5. 盖上锅盖，以小火继续焖煮约30分钟。
6. 加入黄糖轻轻拌匀，煮至再次滚沸、黄糖融化即可。

Tips 好汤有技巧··················

红豆汤好吃的关键在于，红豆要熟透，且豆子又不泥烂，所以以水浸泡和烫豆这两个步骤千万不能省略，切记至少要用水泡30分钟以上，并用沸水烫豆。

煮出绵密好喝的红豆汤

秘诀1　挑选100%好豆子

　　红豆的品种不多，虽也有国产品和进口品之分，但在口感与功效上并没有太大的差异，因此在挑选上首重豆子的新鲜程度。新鲜的豆子含有充足的水分，容易煮熟，煮出来颗粒饱满且松软绵密。而旧豆子则因存放的时间过长而丧失水分，不但口感较差，有的甚至会无法煮烂。

　　新鲜的红豆是指最近一次产期所采收的豆子，其最大的特色是颗粒看起来饱满圆润，虽然颜色因水分多而不那么鲜红，可千万不要以为颜色越红品质就越佳哦！

秘诀2　轻松洗净红豆

　　先挑除劣品与杂质：在开始清洗红豆之前，首先要将破碎、干皱、变形的豆子与混在其中的小石头、豆荚碎片等挑除，以避免影响红豆汤的口感。

　　再进行搓洗：清洗时先将豆子均匀沾湿，再以双手搓洗豆子，才能彻底清除附在豆子表面上的灰尘与脏污。接着将脏水倒掉，再以干净清水充分冲洗几次就可以放心的泡入水中了，别忘了洗的同时还要将浮在水面上不好的豆子捞除。

秘诀3　炖煮红豆

　　先将洗净的红豆放入汤锅中，加入水，以中火煮沸后改小火加盖焖煮至软（以燃气炉加汤锅的炖煮方法示范）。

秘诀4　加入美味帮手——糖

　　红豆汤要加什么糖最对味呢？若想要品尝出最精纯的红豆原味，那么就非白砂糖莫属；而黄糖则能使甜味较为突显，同时增添色泽；红糖的养生功效最佳，最适合女性；冰糖则综合了各种好处，能增加滋养功效，同时味道也最佳。但要注意糖加太多太甜可就不健康了！将选好的白砂糖加入汤锅中，至均匀溶化后再焖约5分钟即可熄火。

甜汤小秘诀

★ 秘诀1. 可利用泡红豆的水

　　将泡红豆的水一起加入锅中煮，红豆的味道会更加浓郁，汤汁颜色也会较为鲜艳红润。

★ 秘诀2. 浸泡的时间会因为天气的冷热而不同

　　温度高时红豆浸泡的时间会缩短，通常泡至红豆体积膨胀至2~3倍即可，可依此自行调整时间。但要注意的是，若浸泡的时间过长，会有起泡的现象，这是豆子发酵所产生的气泡，此时红豆的味道就会变差，所以要特别注意把握浸泡的时间。

★ 秘诀3. 煮红豆汤时最好以筷子搅拌

　　煮红豆汤时以筷子搅拌可避免将豆子弄碎，维持较好的口感，并使汤汁较清澈不混浊。

★ 秘诀4. 红豆汤加盐

　　加入适量的盐可以将红豆汤的砂糖甜味完美提出，让甜汤喝起来不会太腻而又有香味，不过千万不能加入太多的盐，否则红豆汤会变成咸汤！

373 | 绿豆薏米汤

● 材料

绿豆·············200克
薏米·············100克
水·············3000毫升

● 调味料

白砂糖·············200克

● 做法

1. 薏米洗净，以水泡1小时后沥干，锅中加入2500毫升水煮沸，放入薏米以小火煮约30分钟，备用。

2. 绿豆清洗干净，不需浸泡，加入可盖过绿豆的水量（分量外）煮沸，再放入绿豆汆烫去除涩味，烫约30秒后，捞出沥干。

3. 另取一锅，放入烫好的绿豆，加入盖过绿豆3厘米高的水量（分量外），以中火煮至水分将干。

4. 将做法3的材料加入做法1的锅内，再加入50毫升水，以大火煮沸后捞除浮皮，继续煮约15分钟，加入白砂糖拌匀，煮至再次滚沸即可。

374 | 绿豆仁汤

● 材料

绿豆·············300克
水·············3000毫升
柠檬皮丝·············少许

● 调味料

白砂糖·············200克

● 做法

1. 绿豆洗净，以冷水浸约30分钟。

2. 将绿豆放入高压锅中，先加入500毫升水以中火煮约10分钟后，关火再焖10分钟至熟透。

3. 加入剩下的2500毫升水，以中火煮约15分钟，加入白砂糖搅拌均匀即可。

4. 可依个人喜好添加少许柠檬皮丝，以增加甜汤风味。

375 | 海带绿豆沙

● 材料
绿豆············120克
海带丝··········20克
水···········1200毫升
粘米粉··········1大匙

● 调味料
黄糖············80克

● 做法
1. 将海带丝洗净，沥干水分备用。
2. 将绿豆洗净，在水中浸泡约30分钟后，放入汤锅中，再加入水和海带丝以大火煮开，改小火加盖炖煮约1小时至熟透。
3. 熄火并捞除浮在表面的绿豆皮，捞出2/3的绿豆和海带丝放入榨汁机中，加入少许绿豆汤搅打成泥，再倒回锅中。
4. 继续以小火煮开，加入黄糖拌煮均匀。
5. 在粘米粉中加入1.5大匙水搅拌均匀，分次慢慢倒入沸腾的做法4锅中并持续拌匀勾芡至再次沸腾即可。

376 | 绿豆沙牛奶

● 材料
熟绿豆···········150克
牛奶···········500毫升

● 调味料
白砂糖···········100克

● 做法
取一搅拌机，加入熟绿豆、牛奶、白砂糖，一起搅打成泥后，倒出盛碗即可。

377 | 冰糖莲子汤

● 材料

莲子·················200克
水·················1000毫升

● 调味料

冰糖·················75克

● 做法

1. 将全部的莲子放入水中洗净后，再泡入冷水中约1小时至微软。

2. 取电锅内锅，放入沥干泡过的莲子，再加入1000毫升水。

3. 内锅中加入冰糖放至电锅内，外锅加4杯水，煮约2小时即可（冰凉食用风味更佳）。

Tips 好汤有技巧

　　莲子营养丰富，不过莲子心口感较差，会有苦涩味。选购莲子时，不妨直接买去心莲子，回家就可立即使用。莲子去心的方法很简单，将莲子在水中浸泡过后，用牙签直接从莲子尾端穿过，就可把莲子心剔除掉。

378 | 莲子银耳汤

● 材料

莲子·················150克
银耳·················20克
红枣·················5颗
水·················800毫升

● 调味料

冰糖·················60克

● 做法

1. 莲子洗净，泡入85℃温水中，浸泡约1小时至软，再用牙签挑除中间的黑色莲子心。

2. 银耳以水泡至胀发，剪掉蒂头后洗净。

3. 将莲子和200毫升的水，放入蒸锅内，以中火蒸约45分钟，至软透后取出。

4. 取一汤锅，加入其余600毫升的水，放入银耳、红枣煮滚，再加入莲子以小火煮约20分钟，加入冰糖拌匀，煮至溶化即可。

379 | 百合莲子汤

● 材料
莲子·············300克
鲜百合·············1颗
水·············2000毫升

● 调味料
冰糖·············95克
盐·············2克

● 做法
1. 莲子洗净，放入沸水中汆烫后捞出备用。
2. 百合剥开后洗净备用。
3. 取一锅，放入水煮至沸腾，放入莲子以小火煮约20分钟，再加入百合片继续煮约10分钟，再加入冰糖、盐煮溶即可。

380 | 银耳红枣汤

● 材料
银耳·············16克
雪莲子·············25克
红枣·············10颗
水·············2000毫升

● 蒸雪莲子材料
水·············1/2碗
糖·············少许
盐·············少许
料酒·············少许

● 调味料
冰糖·············100克

● 做法
1. 雪莲子中加入所有蒸雪莲子材料后，放入蒸笼内蒸约20分钟；红枣以水浸泡，备用。
2. 银耳洗净用水泡至软后，撕成小片备用。
3. 取一锅，放入水，加入雪莲子、红枣煮至沸腾，加入银耳片继续煮约15分钟，加入冰糖煮至糖溶即可。

381 | 芋头甜汤

● 材料

芋头·················300克
水·················1200毫升

● 调味料

白砂糖·················80克

● 做法

1. 芋头去皮、切成滚刀块，备用。
2. 取一锅，加入1200毫升水，再放入芋头块以小火煮约40分钟，至芋头熟透变软。
3. 将白砂糖倒入锅中均匀搅拌，煮至糖溶化、且芋头入味即可。

Tips 好汤有技巧

★ 步骤1：清洗

芋头的表皮有很多层，加上芋头属于根部，所以表面会黏附许多泥沙，若没有好好清洗，很容易连泥沙一起下肚。芋头的清洗比较花时间，最好先将表面片状的外皮撕掉，以防止缝隙死角的泥沙清洗不到，同时可以去掉大多的泥沙，之后再冲洗或刷洗干净就行了。

★ 步骤2：戴手套

芋头含有草酸钙结晶，如果接触到皮肤就会导致皮肤发痒和红肿，因此在去皮之前应该要戴上手套，防止皮肤与芋头直接接触。如果皮肤容易过敏，最好在清洗前就戴上手套，因为清洗时也会溶出少量的草酸钙，直到芋头被蒸熟了之后就不会有问题了，所以在下锅前都要记得戴手套哦！

★ 步骤3：去皮

芋头的表面并不是很平整，所以不论使用削皮刀或是菜刀去皮都要很小心，戴上手套也可以对手起到一定的保护作用。芋头在去皮之后会有黏液渗出，所以除非马上就要下锅，否则不要太早去皮，避免黏液不小心接触皮肤引起皮肤发痒。

382 | 芋头椰汁西米露

● 材料

西米·················80克
芋头·················100克
椰汁·················50毫升
水···················500毫升

● 调味料

白砂糖··············80毫升

● 做法

1. 芋头去皮、切成滚刀块，加入500毫升的水，以小火煮约40分钟，至芋头熟透变软。
2. 将白砂糖倒入锅中，用打蛋器搅拌均匀，至糖溶化、且芋头成泥，放凉备用。
3. 另取一锅，加入10倍于西米重量的水煮沸（如80克西米，需加入800毫升的水量），接着加入西米煮沸。
4. 转中小火继续煮约10分钟，中途需略搅拌以使西米粒粒分明不沾粘，煮好后捞出，用流动的冷开水冲至完全冷却沥干。
5. 在放凉后的做法2锅中加入椰汁煮熟的西米即可。

383 | 桂花甜芋泥

● 材料

芋头·················200克
桂花酱··············1.5大匙
水淀粉··············适量
水···················600毫升

● 调味料

白砂糖··············1大匙

● 做法

1. 芋头洗净，去皮切薄片，放入蒸锅中以大火蒸至熟烂，取出以汤匙压成泥备用。
2. 取一汤锅，加入600毫升水以大火煮开，改中小火分次加入芋泥拌匀，煮匀后加入白砂糖及桂花酱略拌，最后以适量水淀粉勾芡至浓稠即可。

384 红糖姜母茶

● 材料

老姜·····················50克
水·····················1500毫升

● 调味料

红糖·····················1.5大匙

● 做法

1. 将老姜用水清洗干净，用刀背略拍扁。
2. 取一汤锅，将老姜放入锅中以大火煮至滚沸，转中火再煮约10分钟。
3. 在锅中加入红糖搅拌均匀。
4. 将锅中的浮渣捞除，再煮约1分钟即可。

Tips 好汤有技巧·················

★ 姜可治感冒，因姜中含有大量使人发汗的辛辣成分，能够达到解热的目的，解热之后，感冒自然就好了许多。

★ 如果怕老姜太辣，可以先将老姜洗干净，拍碎放入热水中先煮沸一次，再捞起来与红糖同煮就不会那么辣了。

385 姜汁地瓜汤

● 材料

老姜·····················50克
黄肉地瓜·················500克
水·····················2600毫升
热水····················400毫升

● 调味料

黄糖·····················50克
红糖·····················150克

● 做法

1. 黄肉地瓜洗净去皮，切成滚刀块；老姜去皮切成薄片，备用。

2. 取一锅，放入2500毫升水及黄肉地瓜块、老姜薄片，煮沸后，转小火再煮约20分钟。

3. 取一锅，加100毫升的水，放入黄糖，以小火煮约15分钟至糖水变成金黄色时，加入400毫升热水煮开，倒入地瓜汤内，再加入红糖拌匀即可。

386 地瓜甜汤

● 材料
黄肉地瓜…………300克
水………………1200毫升

● 调味料
黄糖………………80克

● 做法
1. 地瓜洗净去皮、切滚刀块，备用。
2. 取一锅，加入1200毫升的水，再放入黄肉地瓜块，以小火煮约30分钟，至地瓜熟透变软。
3. 将黄糖倒入锅中均匀搅拌，煮至糖溶化、且地瓜入味即可。

Tips 好汤有技巧

刚从市场购买回来的地瓜，记得要放在通风良好的地方，并且要以报纸垫底隔离湿气，如此就可以保存一个星期左右的时间，而且最好在食用前才清洗、去皮、切块，否则会容易溃烂及发芽。

Tips 好汤有技巧

★ 红肉地瓜

有着红色外皮的红肉地瓜，含水量高，且富含胡萝卜素，煮熟后的果肉颜色呈现鲜艳的橘红色，吃起来口感较为松软，甜度颇高，非常适合鲜食，更是煮稀饭或地瓜汤的第一选择，产季大多集中在秋末冬初。

★ 黄肉地瓜

黄肉地瓜的外皮有黄色也有红色，含水量适中，胡萝卜素及甜度没有红肉地瓜那么高，但却是用途最广的地瓜品种，吃起来口感Q硬有弹性，耐煮不松散，不但可以直接拿来烹煮，也适合拿来烧烤或制作地瓜酥、蜜糖地瓜、地瓜饼等加工食品，产季大多集中在冬末春初。

★ 紫色地瓜

紫色地瓜具有非常漂亮的紫色外皮，虽然它常被大家称为芋头地瓜，却跟芋头一点关系都没有，是地地道道的地瓜，而且地瓜与芋头分属不同的科别，是不可能配种的。芋头地瓜的紫色果肉，是由农民们自行改良而来，吃起来口感松软，但香气比其他品种的地瓜要高，而且特殊的颜色也使其更受瞩目。

387 地瓜凉汤

● 材料

地瓜粉·············100克
淀粉················50克
水·············2000毫升

● 调味料

黄糖·············120克

● 做法

1. 先将地瓜粉和淀粉混合拌匀，加入300毫升冷水调匀成粉浆。

2. 将800毫升水煮开，冲入粉浆内，并快速搅拌均匀至呈透明状，放至一旁待凉凝固即成地瓜凉粉。

3. 将剩余的水煮开，加入黄糖煮至溶化，放凉备用。

4. 拿一汤匙，将地瓜凉粉切小块，加入黄糖水中即可。

388 甜汤圆

● 材料

圆糯米·············300克
食用红色素·········少许
水·············2000毫升

● 调味料

黄糖·············150克

● 做法

1. 先将糯米浸泡3小时，用榨汁机打成米浆，装入面粉袋中，再以脱水机将其脱水变成粿粉团。
2. 将沥干的粿粉团取一小块，放入沸水中煮熟取出；将其余的粿粉团压碎成粉。接着把煮熟的粿粉块捞起加入一起和匀，若水分不够，可酌量加水，将粉团和至不粘手即可。若喜欢红汤圆，可将一半粉团加入少许红色素继续揉匀。
3. 将粉粿团揉成长条，再分切成小块，直接用手搓成一个个小汤圆即可。
4. 将水煮沸，放入小汤圆，待汤圆浮在水面上后，加入黄糖拌匀即可。

389 紫米汤圆

● 材料

紫米·············100克
红白小汤圆·········100克
水·············3000毫升

● 调味料

黑糖·············150克

● 做法

1. 紫米用清水洗净后，以冷水泡约30分钟，使紫米易于吸收水，烹煮时易熟。
2. 取一砂锅，加3000毫升水，用大火煮沸，再加入紫米，转为小火，盖上锅盖。
3. 将紫米焖煮约90分钟后加入黑糖，搅拌均匀后熄火。
4. 把红白小汤圆放入钢锅中，以中火煮约2分钟后捞出，放入砂锅中，与紫米一起搅拌均匀即可。

390 | 桂圆红糖汤圆

● 材料

花生汤圆·············· 5颗
芝麻汤圆·············· 5颗
桂圆肉··············· 50克
水················· 600毫升

● 调味料

红糖·············· 50克

● 做法

1. 桂圆肉略冲水洗净沥干，备用。
2. 取锅，加入600毫升水，煮约5分钟后，加入红糖煮匀，再加入桂圆肉，即为汤底。
3. 另取锅，加水煮至滚沸，放入花生汤圆和芝麻汤圆，煮至汤圆浮起在水面后再略煮至熟、捞出，放入汤底中即可。

391 | 紫米桂圆汤

● 材料

紫米··············· 3/4杯
圆糯米·············· 1/4杯
桂圆肉··············· 40克
水················ 1500毫升

● 调味料

红糖·············· 90克

● 做法

1. 紫米洗净以水浸泡6~8小时；圆糯米洗净以水泡约4小时；桂圆肉切小块，备用。
2. 将紫米、圆糯米放入电锅内锅中，再加入1500毫升水，外锅加2杯水（分量外）煮至开关跳起。
3. 将做法2的材料倒入另一汤锅中，再加入桂圆肉块、红糖，移至燃气炉上继续煮约10分钟即可。

392 | 酒酿汤圆

● 材料
市售芝麻汤圆……… 10颗
酒酿 ………………… 3大匙
鸡蛋…………………… 2个
水……………………800毫升

● 调味料
白砂糖………………30克

● 做法
1. 用钢锅将800毫升的水煮开，再加入白砂糖。
2. 放入芝麻汤圆后，以小火煮至汤圆全部浮起。
3. 将酒酿倒入锅中，再转小火煮约1分钟。
4. 将鸡蛋打散成蛋液后，慢慢地淋入锅内，所有材料拌煮约1分钟至蛋花均匀散开即可。

393 | 地瓜芋圆汤

● 材料
地瓜圆……………150克
芋圆………………150克
水………………3000毫升

● 调味料
黄糖………………180克

● 做法
1. 先将2000毫升的冷水煮至滚沸，再加入黄糖搅拌均匀即为糖水。
2. 另起一锅，把剩下的1000毫升水煮至滚沸，放入地瓜圆和芋圆，以中火煮至地瓜圆和芋圆全部浮在水面，再捞起沥干。
3. 将煮好的地瓜圆、芋圆放入糖水中拌匀即可。

Tips 好汤有技巧……………
要使地瓜圆和芋圆更有味道，可以放入蜂蜜中浸泡一下，风味更佳。

394 | 杏仁茶

● 材料

甜杏仁·············200克
熟花生仁···········80克
粘米粉·············30克
杏仁露·············1大匙

水·············1000毫升

● 调味料

白砂糖·············80克

● 做法

1. 甜杏仁洗净，以水泡10小时后捞起沥干，备用。
2. 取一榨汁机，加入甜杏仁，再加入500毫升水，搅打成泥后，以细纱布过滤去渣，备用。
3. 将花生仁洗净沥干，加入100毫升水，用榨汁机搅打成泥，备用。
4. 将粘米粉和50毫升水调匀，备用。
5. 取一锅，加入350毫升水，再加入甜杏仁汁、花生泥煮沸，接着加入白砂糖煮至糖溶化，再用粘米粉水勾芡拌匀，最后加入杏仁露拌匀即可。

Tips 好汤有技巧·················

　　甜杏仁不易煮软，故需要在水中浸泡较久的时间后，再打汁加入能让味道更融入；甜杏仁打汁后记得要过滤，把残渣过滤掉，不然会影响口感。

395 | 薏米汤

● 材料

脱心薏米·········300克
水·············3000毫升

● 调味料

白砂糖·············200克

● 做法

1. 脱心薏米以冷水浸泡约1小时使其软化后沥干。
2. 将脱心薏米放入快锅中，加入800毫升水，以中火煮约15分钟，转小火再焖煮15分钟至脱心薏米熟烂。
3. 将剩下2200毫升的水倒入锅中继续煮，再加入白砂糖拌匀，转中火煮至水开即可。

Tips 好汤有技巧·················

　　水分成两次加入的主要原因是，第一次先用少许的水将脱心薏米煮到熟烂，第二次再加入所需食用的分量。如果第一次就先加入全部的水，不仅浪费烹煮时间，脱心薏米的口感也会受到影响，会较硬且不够软烂。

396 白果腐竹炖鸡蛋

● 材料

白煮鸡蛋·············· 2个
腐竹·················· 100克
白果·················· 50克
水·················· 600毫升

● 材料

冰糖·················· 1大匙

● 做法

1. 白煮鸡蛋去壳；白果洗净；腐竹以水泡至软化后洗净备用。
2. 取一炖盅，加入600毫升水，放入所有食材拌匀，盖上盖子放入蒸锅中，以中火蒸1小时即可。

397 | 雪梨川贝汤

● 材料

银耳·················· 5克
川贝母·················· 5克
雪梨·················· 1个
水·················· 500毫升

● 调味料

冰糖·················· 1大匙

● 做法

1. 将银耳以水泡发拣去根蒂后，用手撕成小片备用；川贝母洗净备用。
2. 将雪梨洗净削皮后，除去核与籽，再用刀子切成小块备用。
3. 取一炖盅，将雪梨、银耳、川贝母放入炖盅内，再加入水及冰糖后，在炖盅口上封一层保鲜膜，放入蒸笼中以中火蒸1小时后取出即可。

398 | 油条花生汤

● 材料

去膜花生仁········300克
水···············2000毫升
小苏打粉········1/2小匙
油条················适量

● 调味料

细砂糖···········100克

● 做法

1. 将去膜花生仁加入水煮沸后，加入细砂糖调味。
2. 调味后熄火，加入小苏打粉，静置2小时。
3. 食用时再搭配油条即可。

> **Tips 好汤有技巧**············
>
> 花生汤看来简单，但要煮的花生软烂绵密，入口即化，花生汤才会香浓可口。花生要煮烂需要煮数小时，但只要掌握快煮小秘诀，在其中加入小苏打粉，就能轻易将花生煮透。

食谱示范：陈琪琼

399 | 烧仙草

● 材料

A 仙草干100克、水4000毫升、小苏打1茶匙
B 地瓜粉3大匙、水120毫升、细砂糖120克
C 芋圆适量、八宝材料适量（做法参考P294）、咸花生少许

● 做法

1. 仙草干洗净，加入材料A的水和小苏打，炖煮2小时。
2. 将仙草渣滤掉，再度煮沸后，加入材料B中混匀的地瓜粉水和细砂糖拌匀即为烧仙草。
3. 食用时取适量烧仙草，再放上芋圆和八宝材料，最后撒上少许咸花生即可。

> **Tips 好汤有技巧**············
>
> 虽然有市售的仙草粉，一冲就好，很方便，但还是古法的熬煮仙草干最够味；仙草干最好挑选放置3个月以上的老仙草干，熬煮时可以加入小苏打粉，以缩短炖煮的时间。

400 | 八宝甜汤

● 材料
A 水············5000毫升
　花生粉············适量
　红豆············40克
　薏米············40克
　绿豆············40克
　红枣············10颗
　麦片············40克
B 桂圆肉············50克
　芋头丁············50克
　鲜莲子············50克

● 调味料
细砂糖················适量

● 做法
1. 红豆和薏米以水泡（分量外）4小时；绿豆和红枣以水泡（分量外）2小时，备用。
2. 水煮开后加入红豆、薏米煮20分钟，再加入绿豆、红枣煮20分钟。
3. 加入麦片煮20分钟后，继续加入材料B煮5分钟。
4. 加入细砂糖调味，食用前撒上花生粉即可。

Tips 好汤有技巧
　　八宝甜汤的特色就在于材料丰富，想吃什么料就加什么料，除了一般的绿豆、红豆、薏米之外，莲子、红枣、桂圆干都可以放，材料下锅煮时要按照顺序，而且要等材料全部煮熟之后才可以加糖调味，不然材料会不容易煮熟。

401 芒果奶露

● 材料
芒果·················· 2个
鲜奶··············500毫升
粘米粉···········1.5大匙

● 调味料
白砂糖··············1大匙

● 做法

1. 将芒果洗净去皮，一个果肉搅打成泥，另一个果肉切小丁备用。

2. 将粘米粉和2大匙水调匀备用。

3. 将鲜奶倒入锅中，以小火煮开，加入白砂糖、芒果泥和芒果块，煮至沸腾后淋入粘米粉水勾芡煮匀即可。

> **Tips 好汤有技巧**·················
>
> 芒果泥可以增加甜品的芒果香味，而芒果丁则能让甜品更具口感，因此同时利用芒果泥与芒果丁制作奶露会比单用一种更为美味。

402 银耳木瓜奶露

● 材料
银耳····················· 5克
木瓜····················· 50克
南北杏················ 3克
红枣···················· 3颗
牛奶············ 500毫升

● 调味料
冰糖·················· 1大匙

● 做法

1. 将银耳以水泡发拣去根蒂后，用手撕成小片备用；木瓜去皮切块备用。

2. 取一汤锅，在锅中加入所有的材料及调味料，以大火煮开后再转小火继续煮10分钟即可。

图书在版编目（CIP）数据

一碗暖汤 / 杨桃美食编辑部主编 . —— 南京：江苏
凤凰科学技术出版社 , 2016.12
（含章·好食尚系列）
ISBN 978-7-5537-4935-8

Ⅰ.①一… Ⅱ.①杨… Ⅲ.①汤菜 - 菜谱 Ⅳ.
① TS972.122

中国版本图书馆 CIP 数据核字 (2015) 第 148881 号

一碗暖汤

主　　　编	杨桃美食编辑部	
责 任 编 辑	张远文　　葛　昀	
责 任 监 制	曹叶平　　方　晨	
出 版 发 行	凤凰出版传媒股份有限公司 江苏凤凰科学技术出版社	
出版社地址	南京市湖南路 1 号 A 楼，邮编：210009	
出版社网址	http://www.pspress.cn	
经　　　销	凤凰出版传媒股份有限公司	
印　　　刷	北京富达印务有限公司	
开　　　本	787mm×1092mm　1/16	
印　　　张	18.5	
字　　　数	240 000	
版　　　次	2016年12月第1版	
印　　　次	2016年12月第1次印刷	
标 准 书 号	ISBN 978-7-5537-4935-8	
定　　　价	45.00元	

图书如有印装质量问题，可随时向我社出版科调换。